과학공화국 수학법정

수학법정

10
수학의 논리

과학공화국 수학법정 10

수학의 논리

ⓒ 정완상, 2008

초판 1쇄 발행일 | 2008년 3월 17일
초판 19쇄 발행일 | 2024년 2월 1일

지은이 | 정완상
펴낸이 | 정은영
펴낸곳 | (주)자음과모음

출판등록 | 2001년 11월 28일 제2001-000259호
주소 | 10881 경기도 파주시 회동길 325-20
전화 | 편집부 (02)324-2347, 총무부 (02)325-6047
팩스 | 편집부 (02)324-2348, 총무부 (02)2648-1311
e-mail | jamoteen@jamobook.com

ISBN 978-89-544-1484-5 (04410)

과학공화국 수학법정

수학법정

10 수학의 논리

정완상(국립 경상대학교 교수) 지음

|주|자음과모음

생활 속에서 배우는 기상천외한 수학 수업

처음 법정 원고를 들고 출판사를 찾았던 때가 새삼스럽게 생각납니다. 당초 이렇게까지 장편 시리즈가 될 거라고는 상상도 못했습니다. 그저 한 권만이라도 생활 속의 과학 이야기를 재미있게 담은 책을 낼 수 있었으면 하는 마음이었습니다. 그런 소박한 마음에서 출발한 과학공화국 법정 시리즈는 총 10부까지 50권이라는 방대한 분량으로 제작하게 되었습니다.

과학공화국! 물론 제가 만든 말이지만 과학을 전공하고 과학을 사랑하는 한 사람으로서, 너무나 멋진 이름이었습니다. 그리고 저는 이 공화국에서 벌어지는 황당한 많은 사건들을 과학의 여러 분야와 연결시키는 노력을 해 왔습니다.

매번 에피소드를 만들려다 보니 머리에 쥐가 날 때도 한두 번이 아니었고, 워낙 출판 일정이 빡빡하게 진행되었기 때문에 이 시리즈의 원고를 쓰는 데 솔직히 너무 힘들었습니다. 그래서 적당한 시점에서 원고를 마칠까 하는 마음도 굴뚝같았습니다. 하지만 출판사에서는 이왕 시작한 시리즈니 각 과목 10권씩, 총 50권으로 완성하자고 했고, 저는 그 제안을 수락하게 되었습니다.

하지만 보람은 있었습니다. 교과서에 나오는 과학 내용을 생활 속의 에피소드에 녹여 저 나름대로 재판을 하는 과정에서 마치 제가 과학의 신이 된 것처럼 뿌듯하기도 했고, 상상의 나라인 과학 공화국에서 즐거운 상상을 펼칠 수 있어서 좋았습니다.

과학공화국 시리즈를 진행하면서 많은 초등학생과 학부모님들을 만나 이야기를 나누었습니다. 그리고 그들이 저의 책을 재미있게 읽어 주고 과학을 점점 좋아하게 되는 모습을 지켜보며 좀 더 좋은 원고를 쓰고자 노력하였습니다.

이 책을 내도록 용기와 격려를 아끼지 않은 자음과모음의 강병철 사장님과 빡빡한 일정에도 불구하고 좋은 시리즈를 만들기 위해 함께 노력해 준 자음과모음의 모든 식구들, 그리고 진주에서 작업을 도와준 과학창작 동아리 SCICOM 식구들에게 감사를 드립니다.

진주에서

정완상

목차

이 책을 읽기 전에 생활 속에서 배우는 기상천외한 수학 수업 4
프롤로그 수학법정의 탄생 8

제1장 집합에 관한 사건 11

수학법정 1 차집합 – TOL과 BOL의 팬클럽
수학법정 2 무한집합 – 양의 유리수와 자연수의 개수가 같다고?
수학법정 3 집합의 원소 개수 – 이상한 자료
수학법정 4 집합 – 당선 확정이라니?
수학법정 5 부분집합의 개수 – 원더우먼즈의 톨미톨미
수학법정 6 드모르간의 법칙 – 합집합이 왜 교집합으로 바뀌죠?
수학성적 끌어올리기

제2장 명제에 관한 사건 83

수학법정 7 증명 – 제곱해서 2가 되는 수를 분수로 나타낸다고?
수학법정 8 명제의 대우 ① – 범인은 누구?
수학법정 9 명제의 대우 ② – 희한한 대우 명제
수학법정 10 대우 – 해피를 찾아라
수학법정 11 삼단 논법 – 이상한 삼단 논법
수학성적 끌어올리기

제3장 논리에 관한 사건 143

수학법정 12 비둘기집의 원리 – 생일 문제
수학법정 13 표 만들기① – 할리우드의 캐스팅 비화
수학법정 14 표 만들기② – 금구슬의 행방은?
수학법정 15 모순 – 괴상한 이발 의무법
수학법정 16 표를 이용한 분석 – 바둑대회의 결과
수학법정 17 논리 – 뮤직 콘서트홀의 깐깐한 규칙
수학성적 끌어올리기

매쓰변호사

제4장 기타·논리에 관한 사건 203

수학법정 18 연속인 두 수 – 카드 수수께끼
수학법정 19 이중 부정 – 앙드르 성으로 가는 길을 알려 주세요
수학법정 20 연산 논리 – 숫자 5의 마법
수학법정 21 논리 – 세 명이 모여야 열리는 금고
수학법정 22 비둘기집의 원리 – 10개의 기둥 박기
수학성적 끌어올리기

에필로그 위대한 수학자가 되세요 252

수학법정의 탄생

과학공화국이라고 부르는 나라가 있었다. 이 나라에는 과학을 좋아하는 사람들이 모여 살았다. 인근에는 음악을 사랑하는 사람들이 살고 있는 뮤지오 왕국과 미술을 사랑하는 사람들이 사는 아티오 왕국, 공업을 장려하는 공업공화국 등 여러 나라가 있었다.

과학공화국에 사는 사람들은 다른 나라 사람들에 비해 과학을 좋아했다. 어떤 사람들은 물리를 좋아했고, 또 어떤 사람들은 수학을 좋아했다. 특히 다른 모든 과학 중에서 논리적으로 정확하게 설명해야 하는 수학의 경우, 과학공화국의 명성에 맞지 않게 국민들의 수준은 그리 높은 편이 아니었다. 그리하여 공업공화국의 아이들과 과학공화국의 아이들이 수학 시험을 치르면 오히려 공업공화국 아이들의 점수가 더 높을 정도였다.

특히 최근 공화국 전체에 인터넷이 급속히 퍼지면서 게임에 중독된 과학공화국 아이들의 수학 실력은 기준 이하로 떨어졌다. 그러

다 보니 자연 수학 과외나 학원이 성행하게 되었고, 그런 와중에 아이들에게 엉터리 수학을 가르치는 무자격 교사들이 우후죽순으로 나타나기 시작했다.

일상생활을 하다 보면 수학과 관련한 여러 가지 문제에 부딪히게 되는데, 과학공화국 국민들의 수학에 대한 이해가 떨어져 곳곳에서 수학적인 문제로 분쟁이 끊이지 않았다. 그리하여 과학공화국의 박과학 대통령은 장관들과 이 문제를 논의하기 위해 회의를 열었다.

"최근 들어 잦아진 수학 분쟁을 어떻게 처리하면 좋겠소?"

대통령이 힘없이 말을 꺼냈다.

"헌법에 수학적인 조항을 좀 추가하면 어떨까요?"

법무부 장관이 자신 있게 말했다.

"좀 약하지 않을까?"

대통령이 못마땅한 듯이 대답했다.

"그럼, 수학적인 문제만을 대상으로 판결을 내리는 새로운 법정을 만들면 어떨까요?"

수학부 장관이 말했다.

"바로 그거야. 과학공화국답게 그런 법정이 있어야지. 그래! 수학법정을 만들면 되는 거야. 그리고 그 법정에서 다룬 판례들을 신문에 게재하면 사람들은 더 이상 다투지 않고 시시비비를 가릴 수 있게 되겠지."

대통령은 환하게 웃으며 흡족해했다.

"그럼 국회에서 새로운 수학법을 만들어야 하지 않습니까?"

법무부 장관이 약간 불만족스러운 표정으로 말했다.

"수학은 가장 논리적인 학문입니다. 누가 풀든지 같은 문제에 대해서는 같은 정답이 나오는 것이 수학입니다. 그러므로 수학법정에서는 새로운 법을 만들 필요가 없습니다. 혹시 새로운 수학이 나온다면 모를까……."

수학부 장관이 법무부 장관의 말에 반박했다.

"그래, 나도 수학을 좋아하지만 어떤 방법으로 풀든 답은 같았어."

대통령은 곧 수학법정 건립을 확정 지었다. 이렇게 해서 과학공화국에는 수학과 관련된 문제를 판결하는 수학법정이 만들어지게 되었다.

초대 수학법정의 판사는 수학에 대해 많은 연구를 하고 책도 많이 쓴 수학짱 박사가 맡게 되었다. 그리고 두 명의 변호사를 선발했는데, 한 사람은 수학과를 졸업했지만 수학에 대해 그리 잘 알지 못하는 수치라는 이름을 가진 40대 남성이었고, 다른 한 명의 변호사는 어릴 때부터 수학 경시대회에서 대상을 놓치지 않았던 수학 천재 매쓰였다.

이렇게 해서 과학공화국 사람들 사이에서 벌어지는 수학과 관련된 많은 사건들은 수학법정의 판결을 통해 깨끗하게 해결될 수 있었다.

제1장

집합에 관한 사건

차집합 – TOL과 BOL의 팬클럽

무한집합 – 양의 유리수와 자연수의 개수가 같다고?

집합의 원소 개수 – 이상한 자료

집합 – 당선 확정이라니?

부분집합의 개수 – 원더우먼즈의 톨미톨미

드모르간의 법칙 – 합집합이 왜 교집합으로 바뀌죠?

그럴 리가 없는데요. 분명히
차집합으로 계산했는데…

TOL과 BOL의 팬클럽

TOL의 팬이면서 BOL의 팬이 아닌 사람들의 수는 어떻게 계산할까요?

그는 스타 기획사에 다니고 있는 허 실장이다.
사람들은 그에게 스타들을 매일 가까이에서 볼 수
있으니 부럽다고 말한다. 그 역시 기획사에서 일하
지 않았다면 이렇게 말했을지 모른다.

"야, 송예교 사인 좀 받아 올 수 없어? 제발 부탁이야!"

하지만 스타 기획사에 다니는 그로서는 이제 모든 것이 시시해
졌다. 스타 기획사의 일은 너무나도 바쁘고 정신이 없기 때문이다.

갑자기 그는 이곳에 입사할 때가 생각났다. 그는 스타 기획사에
이력서를 내고 면접을 봤지만 연락은 오지 않았다. 그 다음 2차 모

집에서도 면접을 봤으나 역시 연락이 오지 않았다. 3차 모집 역시 이력서를 냈고 면접을 봤으나 결국 연락은 오지 않았다. 그는 이로 인해 엄청난 고민을 하게 되었다.

'도대체 왜 나를 뽑지 않는 거지? 내 머리카락이 가발이라는 사실을 알게 되었나? 코 수술이 부자연스럽게 된 건가? 내 인상이 조폭 같아서 그런가? 도대체, 왜! 왜!'

허 실장은 한참을 고민하다가 짐을 싸들고 무작정 산으로 올라갔다. 산에 올라가니 자그마한 절이 한 채 있었다. 그는 거기서 고민하고 또 고민했다. 마침내 그가 얻은 결론은 '배가 고프니 집으로 돌아가자!' 였다. 그렇게 다시 하산을 했고 가스레인지와 고기를 사 들고 기획사 문 앞에 턱하니 앉아서 고기를 지글지글 구워 먹었다. 허 실장이 열심히 고기를 먹고 있는데 갑자기 한 사람이 옆에 앉았다.

"나도 고기 좀 같이 먹을 수 있을까요? 너무 배가 고파서……."

"아, 그럼 이것 좀 드세요."

그들은 나란히 앉아서 고기를 먹었다. 그와 이야기를 나누던 허 실장은 놀라운 사실을 알게 되었다. 그는 허 실장이 세 번이나 지원했던 스타 기획사 사람이었던 것이다.

"사장님, 저 좀 써 주십시오. 정말 스타 기획사에서 일하고 싶습니다. 제 고기를 드셨으니 뽑아 달라는 건 절대 아닙니다."

그 말이 끝나는 순간 허 실장은 바로 스카우트되었다. 사장은 허 실장의 열정과 배짱을 높이 샀다고 했다. 그 뒤부터 허 실장은 정말 열정적으로 스타 기획사에서 일을 했다. 하지만 그는 점점 지쳐 갔고 이제 다시 산으로 돌아가고 싶다는 생각을 했다. 오늘은 반드시 산으로 돌아가리라고 결심한 그는 사장에게 다가갔다.

"사장님, 죄송합니다. 저는 산으로 가야 될 것 같습니다."

"산? 아니 어떻게 알았어? 안 그래도 며칠 뒤에 우리 기획사에 소속된 TOL이랑 BOL, 두 댄스그룹의 팬 미팅을 산에서 공동으로 주관하기로 했어."

"네? 산에서요?"

"그래, 팬 미팅을 독특하게 한다고 해서 산에서 하기로 했어. 안 그래도 내가 허 실장을 부르려고 했는데 잘 왔어. 오늘부터 팬 미팅에 참가할 팬들의 접수를 받으니까 전화기 앞에 앉아서 며칠 동안 참가자를 좀 받아. 우리 쪽에서 식사를 준비해야 하니까 TOL이랑 BOL중 어느 그룹의 팬인지 확실히 물어봐야 해."

"두 그룹 모두의 팬이면 어떡하죠?"

"그러면 TOL의 팬 명부에도 기재하고 BOL의 팬 명부에도 기재하도록 해."

"알겠습니다. 그런데 사장님, 저는 산으로 가야 한다니까요."

"그래, 당연히 허 실장도 산에 가야지! 자, 바쁘니 얼른 준비하도록 해."

허 실장은 더 이상 아무 소리도 하지 못한 채 전화기 앞에 앉았

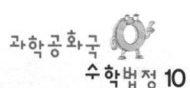

다. 이미 팬들의 접수로 인해 전화기는 폭주 상태였다. 그는 전화를 건 팬들이 어느 그룹의 팬인지 확실히 구별하며 체크를 해 나갔다. 그렇게 며칠 동안 전화기 앞에서 살았고 눈 밑의 다크서클은 전성기를 이루고 있었다.

"허 실장, 드디어 오늘이야! 그래 TOL과 BOL의 팬이 몇 명이지?"

"네, 사장님. TOL의 팬은 7500명이고 BOL의 팬은 5000명입니다."

"TOL의 팬이 조금 더 많군!"

허 실장에게 자료를 건네받은 사장은 팬들의 수가 많아서인지 기분이 좋아 보였다.

그때 갑자기 사무실 안으로 BOL의 매니저가 허겁지겁 달려왔다.

"사장님, BOL이 교통사고로 입원했습니다. 아무래도 오늘 팬미팅은 못 할 것 같습니다."

"뭐라고?"

사장은 BOL의 사고 소식에 눈을 크게 부릅떴다.

"그럼, BOL의 팬들은 BOL이 입원한 병원으로 보내고, BOL의 팬이 아닌 TOL만의 팬이 먹을 식사를 준비하게."

"TOL의 팬은 7500명이고 BOL의 팬은 5000명이니까 TOL만의 팬 수는 7500에서 5000을 뺀 2500명입니다. 그러니까 2500인분을 준비하면 될 것 같습니다."

"2500인분? 알았네. 그럼 내가 허 실장만 믿고 그렇게 준비시키지."

드디어 TOL의 팬 미팅이 시작되었다. 북적거리는 팬들 속에서 허 실장은 머리가 아파 왔다.

"무슨 팬들이 이렇게 많대? 휴, 이거 나도 연예인이나 할걸. 그러면 이 팬들이 다 내 사인 받으려고 난리였을 거 아냐, 히히히."

그때 한 팬이 소리를 질렀다.

"아악, 발 아파! 야, 너 왜 남의 발을 밟니?"

"뭐? 내가 언제 네 발을 밟았어? 너 눈 뜨고 다니는 것 맞니?"

"뭐라고? 이게 어디서 까불어?"

갑자기 소녀 둘은 엉겨 붙어 싸우기 시작했다. 더운 날씨에 북적거리는 인파 속에서 불쾌지수가 높아진 팬들은 갑자기 옆사람을 밀치며 언성을 높였다. 팬 미팅장은 순식간에 아수라장이 되었다.

"어이쿠, 이를 어째! 허 실장, 얼른 어떻게 좀 해봐요."

"아! 빨리 TOL을 무대에 내보내죠. 그래야만 팬들이 조용해질 것 같은데요?"

"그게 좋겠네. 자, 얼른 내보내자고."

TOL이 나오자, 순식간에 싸움은 중단되고 팬들은 그들을 향해 환호하기 시작했다. 허 실장은 안도의 한숨을 내쉬었다. TOL의 공연이 끝나고 팬들에게 식사가 제공되었다. 그런데 2500개의 도시락을 나누어 주었는데도 수백 명이 도시락을 받지 못해 웅성거리고 있었다.

"우리도 도시락을 줘요."

"우리도 TOL의 팬이에요."

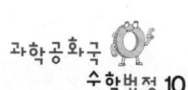

그때 사장이 긴급한 목소리로 허 실장을 불렀다.

"이봐, 허 실장! 2500인분의 식사를 준비하라고 하지 않았나?"

"네, 사장님. 2500인분입니다."

"그런데 왜 도시락이 모자란 거지?"

"제 계산은 정확해요. TOL의 팬이 아닌 사람들이 몰려든 것 같아요."

"그럴 리가? 자네의 계산에 착오가 있었던 게 분명해. 이제 어쩔 텐가! 모자라는 도시락을 어떻게 산에서 마련한단 말인가? 아무튼 이번 사고는 자네가 책임지게. 자넨 해고야."

"사장님, 그런 게 어디 있습니까? 제가 잘못한 게 뭐가 있다고요. 저를 해고한다면 사장님을 수학법정에 고소할 수밖에 없습니다."

허 실장은 TOL의 팬 수를 정확히 계산했다고 주장하며 자신을 해고하려 한 스타 기획사 사장을 수학법정에 고소하였다.

차집합 $A-B$의 원소 개수는
A의 원소 개수에서 $A \cap B$의 원소 개수를 뺀 값입니다.
$$n(A-B)=n(A)-n(A \cap B)$$

왜 도시락이 모자랐을까요?
수학법정에서 알아봅시다.

재판을 시작합니다. 먼저 원고 측 변론하
세요.

원고는 정말 억울합니다. 팬이 아닌 사람
들이 오는 바람에 도시락이 모자란 것을 가지고 원고를 해고
하는 피고의 처사는 어떠한 이유로도 정당화될 수 없습니다.
그러므로 원고의 복직을 주장합니다.

피고 측 변론하세요.

집합 연구소의 세트 박사를 증인으로 요청합니다.

머리숱이 적은 50대 남자가 증인석으로 걸어 들어왔다.

증인이 하는 일은 뭐죠?

집합에 관한 연구를 하고 있습니다.

집합이 뭐죠?

집합은 명확히 구별할 수 있는 대상들의 모임입니다.

그러니까 저처럼 잘생긴 사람들의 모임이 바로 집합이군요.

아닙니다. 잘생겼다는 것은 사람마다 기준이 다르기 때문에 대상을 명확히 구별할 수 없습니다 그러니까 집합이 아니지요. 제가 보기에 변호사 님은 못생긴 편에 해당됩니다.

빨리 진도 나갑시다. 그렇다면 어째서 차이가 생긴 거죠?

제가 조사를 해본 바로는 허실장이 차집합의 원소 개수를 잘못 계산했기 때문입니다.

차집합이 뭐죠?

TOL 팬들의 집합을 A라 하고 BOL 팬들의 집합을 B라 할 때, TOL의 팬이면서 동시에 BOL의 팬인 사람들이 존재하겠지요. 이 사람들의 집합을 두 집합 A, B의 교집합이라고 부릅니다. 그리고 이것을 $A \cap B$로 나타냅니다.

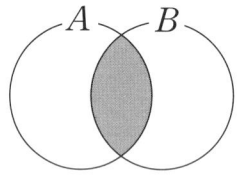

여기서 A의 원소이면서 B의 원소가 아닌 원소들의 집합을 $A-B$라고 하고 이것을 차집합이라고 부릅니다. 차집합을 그림으로 나타내면 다음과 같습니다.

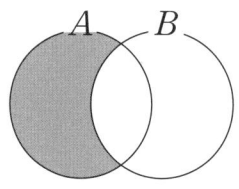

바로 차집합 $A-B$가 TOL의 팬이면서 BOL의 팬은 아닌 사람들의 수입니다. 그러므로 이 집합의 원소 개수만큼 도시락을 준비해야 합니다. 그림에서 보이는 것처럼 차집합 $A-B$의 원소 개수는 A의 원소 개수에서 $A\cap B$의 원소 개수를 뺀 값입니다. 그런데 허 실장은 A의 원소 개수인 7500에서 B의 원소 개수인 5000을 뺐지요. 그러니까 실제 인원 수보다 더 많은 수를 뺐기 때문에 차집합 $A-B$의 원소 개수보다 적은 원소의 개수가 된 거지요. 그래서 도시락이 부족했던 것입니다.

판결합니다. 이것은 원고인 허 실장이 차집합의 원소 개수를 잘못 계산해 벌어진 일이므로 허 실장에게 책임이 있다고 할 수밖에 없습니다. 그러므로 원고의 고소는 기각합니다. 이상으로 재판을 마치도록 하겠습니다.

재판이 끝난 후, 허 실장은 집합에 대한 공부를 열심히 했다. 그리고 다른 기획사에 취직하여 다시는 팬 미팅에 오는 팬 수를 헤아리는 데 실수하는 일이 없었다.

 집합

어떤 주어진 조건 아래서 명확하게 구별되는 대상들의 모임을 집합이라 하고 그것을 이루는 낱낱의 대상을 원소라 한다. a가 집합 A의 원소이면 $a\in A$라고 쓰고 a가 집합 A의 원소가 아니면 $a\notin A$라고 쓴다.

1과 2 사이에만도 $\frac{4}{3}, \frac{5}{3}, \frac{5}{4}, \frac{5}{2}, \frac{7}{4}, \cdots$ 등 많은 양의 유리수가 있는데 자연수 개수랑 같다니!!

양의 유리수와 자연수의 개수가 같다고?

양의 유리수는 자연수의 집합과 일대일 대응이 될까요?

우리 집 다락방에는 한 아저씨가 세를 들어 살고 있다. 아저씨를 처음 본 날, 나는 너무 놀라 엄마 뒤로 쪼르르 달려가서 숨었다. 아저씨는 엄청나게 긴 턱수염을 기르고 있었다. 턱수염은 너무 길어 아저씨의 무릎에 닿을 정도였는데, 나는 그때 처음으로 턱수염을 기르는 사람을 만난 것이었다. 아저씨의 눈에서 번쩍번쩍 빛이 나고 있었다. 아저씨는 나를 볼 때뿐만 아니라 어떤 것을 보든지 간에 레이저를 쏘는 것처럼 눈이 번쩍번쩍 빛났다.

다음 날부터 아저씨는 다락방에 살기 시작했다. 살금살금 다락방으로 들어가 안을 몰래 들여다보았다. 아저씨가 무엇을 하는지 궁금했지만, 문을 열고 인사를 할 자신은 없었다. 살짝 들여다보니 아저씨는 책을 읽고 있었다. 아저씨가 무슨 책을 읽나 궁금해서 조금 더 얼굴을 문틈으로 밀어 넣었다. 순간 우당탕 문이 열리며 아저씨 앞에 넘어지고 말았다. 아저씨는 웃으며 들어오라고 했다.

"아저씨, 지금 무슨 책을 읽으세요? 그 책 재미있어요?"

"《숫자의 진리》라는 책이란다. 이 책을 읽으면 수에 관한 진실을 알 수 있지. 어떠냐? 너도 읽어 볼 테냐?"

아저씨로부터 책을 건네받아 살펴보았지만 책의 내용은 도통 알 수 없었다.

"아저씨, 아저씨는 직업이 뭐죠?"

"아저씨 직업? 아저씨는 수학자란다."

"수학자요? 와, 정말 대단해요. 저는 학교 과목 중에서 수학이 제일 싫어요. 수학책만 봐도 머리가 아파지는걸요."

"하하하, 이 녀석! 수학이 얼마나 재미있고 쉬운 건데! 원리만 깨치면 쉬운 거야. 원, 녀석도."

"재민아, 어디 있니? 재민아!"

엄마가 부르는 소리를 듣고 방에서 나왔다.

"자, 이거 들고 나가서 삽쌀이 밥 주렴. 네 개는 네가 돌봐야지!"

음식을 들고 나가 삽쌀이 그릇에 옮겨 주었다. 삽쌀이는 배가 고팠는지 정말 허겁지겁 밥을 먹었다.

"삽쌀아, 다락방에 이상한 수학자 아저씨가 온 것 알지? 그런데 아저씨가 수학은 원리만 알면 정말 쉽고 재미있대. 원리가 뭘까?"

"멍멍!"

"어휴, 그럼 그렇지. 네가 개지, 사람이겠니? 너한테 물어본 내가 바보다, 바보!"

삽쌀이를 흘겨보고 자리에서 일어났다. 그때 아저씨가 외출복을 잘 차려입고 턱수염을 빨간 끈으로 곱게 묶은 채 현관문을 열고 나오는 게 아닌가!

"어? 아저씨, 어디 가요?"

"아저씨는 수학 협회 회의에 간단다. 왜 그러니?"

"수학 협회요? 와, 아저씨! 저도 따라가면 안 돼요? 저도 갈래요!"

"뭐? 네가? 음…… 오케이, 따라와! 대신 회의장 뒤에서 조용히 있어야 한다."

들고 있던 그릇을 마당에 놓고 아저씨 뒤를 쫄래쫄래 따라갔다.

수학 협회에 가니 원형 테이블에 까만 양복을 입은 아저씨들이 이미 와서 앉아 있었다. 그런데 그들 역시 다락방 아저씨처럼 무릎까지 오는 긴 수염을 빨간 끈으로 묶고 있었다. 순간 웃음이 터져 나와 손으로 입을 가리며 회의장 맨 구석에 가서 자리를 잡았다.

아저씨가 테이블에 앉자 회의는 시작되었다. 창가에 앉으니 따뜻한 햇볕에 스르르 잠이 들어 버렸다. 한참을 색색거리며 자고 있는데 갑자기 커다란 고함이 들려 왔다.

"혹시, 당신 미치광이 아니오?"

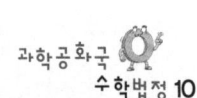

미치광이라는 말에 정신이 번쩍 들어 눈이 떠졌다. 한 아저씨가 다락방 아저씨에게 손가락질 하며 소리치고 있었다.

"이것 봐요, 나는 미치광이가 아니라오. 양의 유리수와 자연수의 개수는 같단 말이오."

"뭐라고? 말도 안 되는 소리를 하다니! 어떻게 양의 유리수랑 자연수의 개수가 같단 말이오? 자연수는 1, 2, 3, 4, … 이고 1과 2 사이에는 $\frac{4}{3}$, $\frac{5}{3}$, $\frac{5}{4}$, $\frac{3}{2}$, $\frac{7}{4}$ 등 무수히 많은 양의 유리수가 있지 않소? 그러니까 자연수의 개수보다는 양의 유리수 개수가 훨씬 더 많아요. 알겠소? 계속 양의 유리수와 자연수의 개수가 같다고 주장한다면 당신을 우리 수학 협회에 발도 못 들이게 하겠소. 당신은 완전 미치광이야, 알아?"

수학 협회에 발을 못 들이게 하겠다는 말에 아저씨는 고개를 푹 숙이며 순간 조용해졌다. 그 모습을 보고 나도 모르게 커다란 목소리로 외쳤다.

"아저씨! 아저씨는 미치광이가 아녜요! 아저씨는 수학자잖아요!"

아저씨는 갑자기 고개를 들더니 미소를 지었다.

"그래, 난 수학자야! 진정한 수학자라고……. 양의 유리수와 자연수의 개수는 같아! 당신이 정 못 믿겠다면 법정에 의뢰해 볼까? 만약 이게 진실이 아니라면 난 이 협회를 떠나겠어!"

다락방에 세 들어 사는 흰 수염의 아저씨는 수학 협회의 다른 아저씨들을 수학법정에 고소하였다.

셀 수 있는 무한집합의 원소들은
자연수의 집합과 일대일 대응을 시킬 수 있습니다.

**양의 유리수와 자연수의
개수는 같을까요?**
수학법정에서 알아봅시다.

재판을 시작합니다. 먼저 수치 변호사가
의견을 말하세요.

자연수는 1, 2, 3, 4, … 이런 식으로 나열
됩니다. 그리고 양의 유리수는 분수로 나타낼 수 있는 수이므
로 자연수보다는 훨씬 많이 생깁니다. 그러므로 양의 유리수
가 자연수의 개수와 같다는 건 말도 안 됩니다.

듣고 보니 그런 것도 같군요. 그럼 매쓰 변호사 의견을 말하세요.

무한 연구소의 인피니 박사를 증인으로 요청합니다.

긴 코트를 걸쳐 입은, 다소 분위기가 으스스해 보이는
남자가 증인석으로 들어왔다.

증인이 하는 일은 뭐죠?

무한집합 연구를 하고 있습니다.

무한집합이 뭐죠?

원소의 개수가 무한히 많은 집합을 말합니다. 그러니까 자연
수의 집합이나 양의 유리수 집합은 모두 무한집합이지요.

그럼 본론으로 들어가서, 양의 유리수가 뭐죠?

0보다 큰 수를 양수라고 합니다. 그리고 분모와 분자가 자연수인 분수를 양의 유리수라고 하지요. 예를 들어 $\frac{7}{4}$은 분자 7과 분모 4가 자연수이므로 이 수는 양의 유리수입니다.

그럼 자연수도 양의 유리수인가요?

그렇습니다. 자연수 2를 분수로 나타내면 $\frac{2}{1}$로 쓸 수 있습니다. 이때 분자 2와 분모 1은 자연수이므로 $\frac{2}{1}$는 양의 유리수입니다. 그러므로 자연수는 모두 양의 유리수입니다.

그렇다면 이상하군요. 자연수는 모두 양의 유리수이고 양의 유리수 중에는 자연수가 아닌 것이 있으니까 양의 유리수가 더 많은 거 아닌가요?

무한집합은 셀 수 있는 무한집합과 셀 수 없는 무한집합으로 나눠집니다. 그리고 셀 수 있는 무한집합의 원소들은 자연수의 집합과 일대일 대응을 시킬 수 있습니다. 여기서 일대일 대응이란 두 집합 A, B가 있을 때, 각 집합의 원소를 하나씩 서로 짝지어 짝이 모두 이루어지는 것을 말합니다. 이렇게 일대일 대응이 되면 우리는 원소의 개수가 같다고 합니다. 그러니까 셀 수 있는 무한집합은 원소의 개수가 모두 같지요.

그럼 양의 유리수 집합이 자연수의 집합과 일대일 대응이 되나요?

그렇습니다. 다음과 같이 분모와 분자의 합에 따라 양의 유리

수를 써 보죠.

$$\frac{1}{1}$$

$$\frac{1}{2} , \frac{2}{1}$$

$$\frac{1}{3} , \frac{2}{2} , \frac{3}{1}$$

$$\frac{1}{4} , \frac{2}{3} , \frac{3}{2} , \frac{4}{1}$$

이런 식으로 정리하면 첫 번째 줄은 분자와 분모의 합이 2가 되고, 두 번째 줄은 합이 3, 세 번째 줄은 합이 4, 네 번째 줄은 합이 5가 됩니다.

그러므로 다음과 같이 자연수에 일대일 대응을 시킬 수 있습니다.

$$\frac{1}{1} , \frac{1}{2} , \frac{2}{1} , \frac{1}{3} , \frac{2}{2} , \frac{3}{1} , \frac{1}{4} , \frac{2}{3} , \frac{3}{2} , \frac{4}{1} , \cdots$$

$$\downarrow \quad \downarrow \quad \downarrow \quad \downarrow \quad \downarrow \quad \downarrow \quad \downarrow \quad \downarrow \quad \downarrow \quad \downarrow$$

$$1, \quad 2, \quad 3, \quad 4, \quad 5, \quad 6, \quad 7, \quad 8, \quad 9, \quad 10, \cdots$$

그러므로 양의 유리수는 셀 수 있습니다.

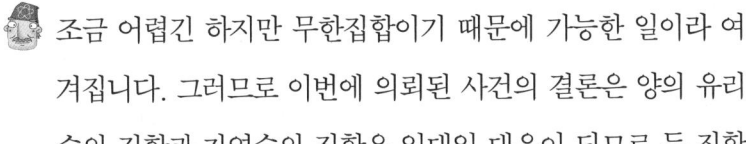 조금 어렵긴 하지만 무한집합이기 때문에 가능한 일이라 여겨집니다. 그러므로 이번에 의뢰된 사건의 결론은 양의 유리수의 집합과 자연수의 집합은 일대일 대응이 되므로 두 집합

의 원소 개수는 같다는 것입니다. 이상으로 재판을 마치도록 하겠습니다.

재판이 끝난 후, 당연히 양의 유리수가 자연수보다 더 많을 거라고 생각했던 많은 사람들은 모두 놀라워했다.

 일대일 대응

두 집합 A, B의 원소를 서로 대응시킬 때, A의 임의의 한 원소에 B의 단 하나의 원소가 대응되는 동시에, B의 임의의 한 원소에 A의 단 하나의 원소가 대응되는 것을 일대일 대응이라고 부른다.

이상한 자료

3, 4, 5, 7, 9의 최소공배수는 무엇일까요?

미스터 박은 백수였다. 백수가 된 지는 고작 몇 시간이 지났을 뿐이지만 그는 자신이 백수라는 사실을 강하게 인식하고 있었다. 미스터 박은 돈을 벌지 않으면 몸이 떨리는 희귀한 병이 있었다. 그래서 지금 그의 몸은 강하게 떨리고 있었다.

"어서 빨리 일자리를 찾아야 해, 돈을 벌어야 한다고!"

백수가 되기 전에 그는 '보스킨라빈스33'이라는 아이스크림 가게 점원이었다. 1년 동안 그는 그곳에서 열심히 일했지만 1년이 되던 날 주인은 그를 따로 불렀다.

"미스터 박, 내가 그동안 당신이 먹은 아이스크림과 월급을 계산해 봤어요. 당신이 1년 동안 공짜로 먹은 아이스크림 양을 계산하니 거의 1년치 월급이랑 비슷하더군요. 내가 여기서 20년 가까이 아이스크림 가게를 운영해 왔지만 당신처럼 아이스크림을 많이 먹는 사람은 처음 봤어요. 그동안 수고한 것을 생각해서 따로 아이스크림 값을 받진 않겠어요. 그러니 오늘까지만 일하고 그만 나가 주었으면 해요."

그 말을 한 뒤 주인은 휙 나가 버렸다. 미스터 박은 하늘이 캄캄해지는 기분으로 그날 하루 일을 시작했다.

'그래, 오늘이 마지막 날이란 말이지! 흥, 그렇다면…….'

미스터 박은 커다란 국자를 들고 와서 거기 있던 아이스크림을 닥치는 대로 입에 퍼 넣었다. 그러고 나서 입고 있던 앞치마를 벗어던지고 나와 버렸다.

'히히, 속이 다 시원하네. 그런데 아이스크림을 너무 많이 먹었더니, 아이고! 배야……. 안 돼, 어서 빨리 다음 일자리를 구해야 해! 으으으, 몸이 떨려 와. 돈을 벌어야 해! 이젠 절대 음식과 관련된 일을 하면 안 되겠구나. 아, 그런데 화장실이 어디에 있지? 옳지! 저기 도서관이 있구나. 저기 도서관 화장실에서 해결하면 되겠는데!'

미스터 박은 서둘러 도서관으로 뛰어갔다. 도서관 화장실에서 시원하게 볼일을 보고 나오는데 미스터 박의 눈길을 잡는 메모가 있었다.

<blockquote>
도서관 사서 보조직원을 모집합니다. 관심 있으신 분은
XXX-OOOO로 연락하시거나 리딩 도서관 3층으로 오셔서
도서관장을 찾아 주십시오.
</blockquote>

메모를 읽고 미스터 박은 좋아서 소리를 질렀다. 이상하게 몸이
진정되는 기분이었다. 후다닥 3층으로 뛰어올라간 미스터 박은 도
서관장을 찾았다.

"안녕하십니까, 저는 도서관 사서 보조직원이 되고 싶습니다."

미스터 박은 도서관장 앞에 찾아가 열중쉬어 자세를 한 채 크게
외쳤다. 미스터 박의 자신감 있는 태도에 도서관장은 웃으며 말했다.

"이력서는 가지고 오셨습니까?"

"아니요, 그런 건⋯⋯."

"그럼 어렵겠습니다. 죄송합니다. 다음 기회에 뵙죠."

미스터 박은 이 기회를 놓쳐선 안 된다고 생각했다.

'그래, 자신감이 통하지 않으면 이젠 불쌍하게 나가야겠군.'

미스터 박은 얼른 뒤돌아 손가락에 침을 묻혀 눈가에 바른 뒤에
도서관장 앞에서 쓰러지는 연기를 했다.

"흑흑. 너무나 존경하는 도서관장님, 제가 어린 시절 아버지를
여의고 어머니와 함께 너무나도 어렵게 살아왔습니다. 그런데 이

젠 어머니마저 아프셔서 제가 돈을 벌지 못하면, 흑흑. 어머니의 약값을 살 수가……. 엉엉. 어머니……."

그 모습을 본 도서관장의 눈에도 눈물이 맺혔다.

"알겠소, 미스터 박. 내 당신을 채용하리다. 그럼 내일부터 출근할 수 있겠소?"

"예, 당연하죠."

도서관을 나온 미스터 박은 기분이 좋았다. 그때 마침 전화벨이 울렸다.

"여보세요? 아, 엄마야? 엄마, 나 새로 취직했어요. 이번엔 도서관이에요. 히히. 엄마도 좋지? 나 어렸을 때부터 책 멀리한다고 계속 혼냈잖아요. 엄마, 또 에어로빅 교실이에요? 에이 참, 에어로빅도 몇 시간 동안 하면 몸에 안 좋다니깐요. 뭐? 그래도 신난다고? 역시 우리 엄마 체력은 알아줘야 해. 그런데 엄마, 아빠는 홍콩에서 언제 오세요? 뭐? 내일 밤 비행기? 알겠어요. 지금 집에 들어갈게요."

역시 대단한 미스터 박이었다.

다음 날 아침, 미스터 박은 양복을 깔끔하게 차려입고 2:8 가르마에 007 가방을 들고선 룰루랄라 도서관으로 출근을 했다.

"아니, 미스터 박. 왜 이렇게 빼입고 왔나?"

"도서관장님, 첫날이니 이 정도야 기본이죠! 거기다가 제 일터는 신성한 도서관 아닙니까? 그럼 저는 무엇을 하면 됩니까?"

도서관장은 얼떨떨한 얼굴로 미스터 박에게 일을 시켰다.

"뭐, 양복이 좋긴 좋지만 일을 하기엔 많이 불편할 텐데…….

우선 오늘은 첫 날이니 쉬운 일을 주겠네. 도서관 5층 B 열람실에 있는 책을 나라별로 정리하려 하는데 책은 200권보다는 적다고 하네. 그런데 자료 조사에 의하면 다음과 같다고 하네.

$\frac{1}{3}$이 과학공화국의 책

$\frac{1}{4}$이 공업공화국의 책

$\frac{1}{5}$이 뮤즈 왕국의 책

$\frac{1}{7}$이 페인트 왕국의 책

$\frac{1}{9}$이 발명공화국의 책

이라고 하는데, 이 중 한 자료는 틀린 것이라고 하네. 자, 얼른 나라별로 정리 좀 하게."

미스터 박은 그 자료를 받아들고 한참을 가만히 보고만 있었다.

"아니, 자네 일 안 할 텐가?"

"도서관장 님, 틀린 자료가 뭔지 알 수가 없습니다. 그래서 분류를 할 수가 없어요."

"아니, 뭐라고? 이 쉬운 일도 못한단 말이야? 그럼 당장 그만두게. 여기서 자네가 할 수 있는 일은 없는 것 같네."

"뭐라고요? 지금 저를 해고하시는 겁니까? 혹시 제가 마음에 들지 않아서 일부러 틀린 자료를 준 것 아닙니까? 나야말로 도서관장 당신을 고소하겠어!"

미스터 박은 도서관장이 일부러 틀린 자료를 주고서 자신을 해고했다고 억울해하며 수학법정에 고소하였다.

도서의 수는 자연수이므로 여러 개의 분수로 이루어진 조사 결과에
모든 분모의 최소공배수를 곱해 주면 됩니다.

여기는 수학법정

도서관장이 준 자료는
틀린 것일까요?
수학법정에서 알아봅시다.

재판을 시작합니다. 먼저 원고 측 변론하

세요.

아니, 세상에 틀린 자료를 주고 자료 정리

를 하라는 사람이 어디 있습니까? 아무리 도서관장이라지만

부하 직원에게 이런 말도 안 되는 일을 시키다니요. 자료 정

리나 제대로 해 놓고 일을 시켜야 하는 거 아닌가요?

일리 있는 말입니다. 그럼 피고 측 변론하세요.

집합 연구소의 모이라 박사를 증인으로 요청합니다.

눈, 코, 입이 얼굴 한 가운데에 빽빽이 밀집되어 있는

40대의 남자가 증인석에 앉았다.

자료가 모두 맞으면 어떤 문제가 생기나요?

만일 모든 자료가 맞다면, 도서의 수는 3, 4, 5, 7, 9의 배수가 되

어야 합니다. 도서의 수는 자연수이니까요. 그 중 가장 적은

도서의 수는 3, 4, 5, 7, 9의 최소공배수로, 1260권입니다. 하

지만 도서의 수가 200권을 넘지 않는다고 했으므로 이것은

성립하지 않습니다.

 하나의 자료가 틀렸군요.

 그렇습니다.

 그럼 어느 자료가 틀린 거죠?

 다섯 가지로 나누어 풀어 보아야 합니다. 먼저 첫 번째 자료만 틀렸다면 도서의 수는 4, 5, 7, 9의 배수가 되어야 하는데 이때 최소공배수는 1260권이 되어 200권을 넘으니까 아니지요. 그리고 두 번째 자료만 틀렸다면 도서의 수는 3, 5, 7, 9의 배수이고 최소공배수가 315권이므로 역시 200을 넘습니다. 세 번째 자료가 틀렸다면 도서의 수는 3, 4, 7, 9의 배수가 되고 최소공배수는 252권이 되어 안 되고, 네 번째 자료만 틀렸다면 도서의 수는 3, 4, 5, 9의 배수이고 최소공배수는 180권이 되어 이 경우는 조건을 만족합니다. 마찬가지로 다섯 번째 자료만 틀렸다면 도서의 수는 3, 4, 5, 7의 배수가 되고 최소공배수는 420이 되어 조건을 만족하지 않습니다.

 명쾌해졌군요. 그럼 네 번째 자료가 틀린 자료군요. 허허. 이렇게 틀린 자료로도 자료 정리를 할 수 있다니 수학의 힘이 정말 위대하게 느껴집니다. 그러므로 이번 도서관 해고 사건은 수학적으로 정당하다고 판결합니다. 이상으로 재판을 마치도록 하겠습니다.

  재판이 끝난 후, 미스터 박은 도서관장에게 자신의 잘못을 사과
하고 수학 공부를 앞으로 열심히 할 테니 한번만 용서해 달라고
했다. 진실한 뉘우침에 감동한 관장은 그에게 한 번 더 기회를 주
었고 그 뒤 이 도서관은 공화국 내에서 가장 완벽한 자료 정리를
자랑하는 도서관이 되었다.

 원소의 개수

집합 $A=\{1, \{2, 3\}, 4\}$의 원소의 개수는 몇 개일까? 얼핏 보면 원소가 4개인 것처럼 보이지만 사실
$\{2, 3\}$은 A집합의 원소이다. 이렇게 집합이 집합의 원소가 될 수도 있다. 그러므로 이 경우 2나 3은
A의 원소가 아니다. 즉, $\{2, 3\}\in A$이지만 $2, 3\notin A$이다.

당선 확정이라니?

노태오 후보는 최소한 몇 표를 얻어야 당선 확정이 될까요?

"안녕하십니까? 저는 이 돌돔 시를 대표할 후보 1번 노태오입니다. 저로 말씀드릴 것 같으면 공화국 최고의 학벌을 가지고 있고 최고의 두뇌들이 모이는 대학원을 수료한 후 정치계로 뛰어든 사람입니다. 제가 만약 돌돔 시 의원이 된다면 수도인 우력 시와 돌돔 시를 빠르게 연결할 수 있는 항로와 고속철도를 만들어서 한 시간 이내에 전국을 다닐 수 있게 하겠습니다. 항로와 철도로 전국이 하나로, 나아가 전 세계가 하나로 되는 돌돔 시를 만들겠습니다. 믿어 주세요!"

어느 조용한 날 공화국의 돌돔 시 의원 후보들이 앞 다투어 공세를 펼치고 있었다. 제각기 공약은 많았다. 말 뿐인지는 모르겠지만, 1번 후보 노태오는 돌돔 시의 생선 시장을 방문하여 상인들과 악수를 하고 지지자들과 함께 시장을 분주하게 돌아다녔다. 그런데 한 상인이 노 후보의 차를 가로 막고 비켜 주질 않았다. 노 후보는 무슨 일인지 차에서 내려 물어보았다.

"안녕하세요. 저는 노 후보라고 합니다. 무슨 일 때문에 그러시죠?"

"당신이 그 의원 후보야?? 나는 여기 상인인데, 당신들이 어떻게 나라를 만들어 가기에 나같이 없이 사는 사람은 크지 못하게 해?! 내 인생 물어내! 힘없는 사람도 살아갈 수 있도록 하는 게 진정한 의원들의 일 아니야!"

"네, 맞습니다. 어떤 일 때문인지 말씀을 해 주세요. 제가 시 의원이 되면 꼭 조치를 취하겠습니다. 아무것도 모르고 도와드릴 수는 없으니까요."

"그럼, 당신이 정말 선하게 생겨서 믿고 이야기하겠어! 내가 여기서 장사를 하는데 집주인이 자꾸 나가라고 했어. 왜냐면 지금 집값이 엄청나게 올랐는데 내가 월세를 10년 전과 같은 값으로 주니까 나가라는 거야. 나 같은 사람이 돈을 벌어봤자 얼마나 벌겠어! 겨우 먹고 살 정도나 벌지! 불쌍한 사람을 도와줄 생각은 안 하고! 나하고 10년을 알고 지낸 사이인데 어떻게 이리 매정할 수 있어! 정말 사람들이 너무하다고. 그것까진 좋아. 어떻게 잘 해결하려 했는데 집주인이 아는 사람을 동원해서 강제로 끌어내는 거야! 무서운 사람들이 와서 윽박지르니 힘쓸 겨를도 없이 밖으로 내쫓겼어! 분명히 계약서를 들고 있는데 시청에 가도 받아 주는 사람이 없어! 도대체 무슨 나라가 이래? 내 인생 물어내! 그 뒤로 거리에서 2년 동안이나 살았는데 아무도 나를 신경쓰지 않아! 정말 기분 나빠서 안 되겠으니까 당신이 처리해 줘. 별 기대는 안 하지만, 좀 도와줘."

"아, 그런 사연이 있으셨군요. 알겠습니다. 그 부분을 확실히 마무리할 수 있도록 조치를 취해 드리겠습니다. 요즘 세상에도 그런 식으로 일을 처리하는 사람들이 있다니 조금 놀랐습니다. 언제부터 세상이 이리 각박해졌죠? 제가 당선이 되면 반드시 우리 도시를 정이 넘치는 도시로 만들겠습니다. 믿어 주세요!"

이렇게 하여 노점상이 길을 비켜 주었고 노 후보는 다른 지역으로 이동할 수 있었다. 이번에 갈 지역은 범죄가 많기로 소문난 상어동이었다. 그곳은 사건 사고가 많이 일어나서 사고 문제를 해결할 수 있도록 신경을 써야 했다. 그곳 또한 할 말 많은 사람들로 북적댔다. 사람들에게 인사를 하며 돌고 있는 도중 어느 한 사람이 노 후보를 붙잡고 말을 꺼냈다.

"시 의원 후보이십니까? 제가 할 말이 있어서 그러는데 지금 말씀 좀 드려도 되겠습니까?"

"안녕하세요! 노 후보입니다. 무슨 일 때문에 그러시는지요? 제가 짧게나마 이야기를 듣고 해결할 수 있도록 힘을 쏟겠습니다."

"네, 아주 선한 인상을 가지고 계셔서 한 말씀 드리겠습니다. 저는 지금 사람을 때렸다는 이유로 법정에 서고 있습니다. 하지만 저는 사람을 때릴 힘도 없고 그럴 배짱도 없는 사람입니다. 오히려 어떤 사람이 갑자기 다가와서 자기 얼굴을 자기가 때리고 몽둥이로 자기 몸을 마구 때리는 겁니다. 게다가 저한테 갑자기 몽둥이를 휘둘러서 몇 대 맞다가 너무 아파 몽둥이를 뺏었습니다. 그러고 집에 돌아가려 하는데 경찰들이 들이닥쳤습니다. 잘됐다 싶어 경찰들에게 도움을 요청하였습니다. 하지만 경찰들은 몽둥이를 휘두른 사람의 신고로 출동을 한 것이었고 오히려 제가 몽둥이로 사람을 때렸냐고 하더군요. 정말 어이가 없고 황당한 시추에이션 아닙니까? 제가 얻어맞은 사람이고 피해자인데요. 정말 할 말을 잃었습니다. 그래서 지금 법정에 서고 있는데 제 진술이 통하지 않습니다. 그 사람은 다쳤고 저는 멀쩡하니까요. 정말 이래서야 되겠습니까?"

"아하! 그런 문제가 있으셨군요. 하늘이 보고 있는 한 언젠가 진실이 밝혀질 것입니다. 조금만 기다리면서 해결이 날 수 있도록 노력을 기울이세요. 저도 진실을 가려낼 수 있도록 최선을 다하겠습니다. 그렇게 되려면 저를 찍어 주셔야 합니다. 믿어 주세요!"

이렇게 순회를 거의 마친 노 후보는 할 일이 태산 같아 엄두가 나지 않았다. 그때였다.

"노 후보님! 10명의 후보 중에 9명을 뽑게 되지 않습니까? 김소

중 후보가 노 후보님의 라이벌로 출마하게 될 것 같습니다!"

"그래? 내가 당선될 수 있겠군. 나를 지지하는 사람이 얼마나 많은데. 아하하!"

노 후보는 항상 열심히 하는 성격이었기 때문에 자신만만했다. 드디어 선거 날이 되었다. 시민들의 투표율은 90%나 되었으며 예상대로 10명의 후보 중에서 노 후보와 김 후보가 선두다툼을 벌였다. 선거 결과가 집계되는 도중 노 후보가 4501표였고 김 후보는 아직 표가 조금 모자랐다. 그런데 방송에서는 노 후보를 당선 확정이라고 표시했다. 이것을 본 김 후보는 화가 치밀었다.

"뭐야, 이거? 돌돔 시민 50000명 중에 90%면 45000명이 투표를 했고, 9명을 뽑으니까 45000을 9로 나누면 5000표 이상이 돼야 당선 확정인데 지금 이 방송이 사람 가지고 장난쳐?!"

김 후보의 대변인은 이를 문제 삼아 방송국을 수학법정에 고소하기로 하였다.

10명 모두 4501표 이상이라면 표가 10×4501=45010보다 크게 되어
표의 총수 45000보다 커지게 됩니다.

여기는 수학법정

**몇 표 이상을 얻어야
당선 확정이 될까요?**
수학법정에서 알아봅시다.

재판을 시작합니다. 먼저 원고 측 변론하
세요.

이번 투표에서 돌돔 시민 50000명 중에
90%가 투표했으므로 45000명이 투표를 했습니다. 그리고
의원은 9명을 뽑으니까 한 사람이 5000표 이상이 되어야 당
선이 확정되는 것입니다. 그런데 방송에서 4501표를 받은 노
후보를 당선 확정이라고 표시했습니다. 그러므로 이번 방송
은 방송 사고라고 볼 수 있습니다.

피고 측 변론하세요.

논리 연구소의 이논리 박사를 증인으로 요청합니다.

올백을 하고 정장을 말끔하게 차려입은 50대 남자가 증인
석으로 들어왔다.

증인이 하는 일은 뭐죠?

논리적으로 사고하는 일을 하고 있습니다.

그럼 이번 사건에 대해서 어떻게 생각하시죠?

 4501표면 당선 확정이 맞습니다.

 그건 왜죠?

 45000명이 투표를 했고 그 중 9등까지가 당선이 됩니다.

 맞아요.

실제로 후보는 모두 10명이므로 10등까지 생각해야 합니다. 그래서 1등부터 10등까지 10명으로 전체 표를 나누면 일인 당 4500표가 됩니다. 이 표보다 한 표라도 더 많으면 그 사람 은 9등 이내에 들게 됩니다.

 그건 왜죠?

 만일 10등이 4501표 이상이라면 1등부터 10등까지 표의 총 수가 10×4501＝45010보다 크게 됩니다. 따라서 표의 총 수 가 45000보다 커서 모순이 생기게 됩니다.

 그렇군요.

 판결합니다. 지금 증인이 밝힌 것처럼 4501표는 당선 확정이 라는 것이 분명해졌으므로 방송국에서는 올바른 방송을 한 것으로 판결합니다. 이상으로 재판을 마치도록 하겠습니다.

재판이 끝난 후, 방송국에서는 심층 취재를 통해 자신들이 법정 에서 이긴 장면과 왜 4501표가 당선 확정이 되는지를 시청자들에 게 상세히 알려 주었다.

원더우먼즈의 톨미톨미

원더우먼즈 5명이 서로 다르게 활동할 수 있는 멤버 구성법은 몇 가지일까요?

사건속으로

"인기가요 이번 주 1위는 바로 원더우먼즈의 '톨미톨미' 입니다!"

긴장한 채로 지켜보고 있던 원더우먼즈는 1위라는 소리에 놀라서 앞으로 뛰어나왔다.

"축하합니다! 어린 나이에도 불구하고 1위를 거머쥐셨어요!"

"고맙습니다. 고맙습니다!"

5명의 원더우먼즈 모두 생애 첫 1위에 눈물을 글썽거리며 트로피와 꽃다발을 받았다. 그들은 연신 고개를 숙여 인사를 하며 기쁨을 감추지 못했다.

“소감 한 말씀 하시죠.”

“먼저 저희 ZYP 기획사 사장님께 감사의 마음을 전하고요, 저희 ‘톨미톨미’를 많이 사랑해 주셔서 감사합니다!”

원더우먼즈는 ZYP 연예 기획사에서 야심차게 준비한 여자 댄스그룹이다. 얼굴이면 얼굴, 노래면 노래, 춤이면 춤, 어디에 내놔도 빠지지 않는 5명을 어렵게 찾아 만든 그룹으로, 복고풍의 노래 ‘톨미톨미’의 인기가 식을 줄을 모르니 올해 신인상은 원더우먼즈가 따 놓은 당상이었다. 하지만 이렇게 성공한 ZYP 기획사에서도 고민은 있었다.

“박쥔영 사장님, 고민 있는 얼굴이세요.”

기획사에서 중요 업무를 맡고 있는 가랑비 씨가 걱정스럽다는 듯이 물었다.

“너도 알잖니, 우리 원더우먼즈 멤버들이 각각 개성이 얼마나 강한지…….”

“빨래판 복근하면 가랑비! 개성하면 원더우먼즈 아니겠습니까? 그런데 그건 왜요?”

“개성이 강한 5명을 그룹으로 모아 두니깐 개성이 살지 않는 것 같아. 좋은 방법이 없을까?”

가랑비는 안에 입은 러닝을 들췄다, 내렸다 하면서 고민한 끝에 좋은 방법을 생각해 냈다.

“아! 5명, 4명, 3명, 2명, 1명씩 묶어서 여러 활동을 하는 게 어때요?”

"여러 활동? 그러니깐 3명과 2명, 4명과 1명 이렇게 따로 활동을 하게 하자고?"

"네, 그러면 원더우먼즈가 좀 더 다양한 공연을 펼칠 수 있잖아요!"

"오! 좋은 방법인데?"

가랑비의 멋진 생각에 박퀀영이 '예압~ 베이비!'를 외치면서 가랑비와 하이 파이브를 했다. 그렇게 웃던 박퀀영 사장이 급하게 정색을 하면서 다시 걱정스런 표정을 지었다.

"그런데 난 춤추는 건 짱인데 수학에 약해서 어떻게 나눠야 할지 모르겠어."

"사장님, 저도 숨 쉬는 법이랑 태양을 피해가는 법밖에 몰라서 수학은 영 꽝입니다."

"우린 뼛속까지 가수인가 보다. 그럼 어쩔 수 없지……."

결국 이 문제를 해결하기 위해 전문 인력을 구할 수밖에 없었다. 가랑비는 수소문 끝에 유능하다는 구성 전문 인력을 구해 왔다. 전문 인력으로 온 사람은 속이 훤히 비치는 비닐바지에 붉은색 찢어진 티셔츠를 입은 요상한 차림의 사람이었다.

"안녕하세요. 저는 이제곱입니다. 제가 책임지고 원더우먼즈의 모든 활동을 보여 드리겠습니다!"

"좋아요! 비닐 바지를 입은 걸 보니 딱 저와 스타일이 맞네요. 잘해 봅시다!"

박퀀영 사장은 요상한 옷차림이 유난히 마음에 드는지 이제곱 씨와 일을 하기로 했고 당장 내일부터 원더우먼즈는 새로운 모습으로 활동하기로 정해졌다.

"아, 가랑비. 신문사에 이 사실을 알리도록 해. 우리 모두 원더우먼즈에만 집중할 거야!"

다음날 스포츠 신문 1면에는 원더우먼즈에 대한 기사가 가득했다.

파격! 원더우먼즈의 개별 활동. 어떤 모습 보여줄지 큰 기대!
원더우먼즈에 대한 ZYP의 폭탄선언!

홈 페이지에는 이 소식을 들은 팬들의 응원 메시지와 원더우먼즈가 어떻게 변하게 될지 기대하는 글들로 가득찼다. 빨리 새로운 모습으로 보답해야 한다고 생각한 이제곱 씨는 당장 구성을 짜기 시작했다.

"음, 민선에, 너는 이번에 솔로 발라드를 맡을 거야. 네가 제일 노래를 잘하니까. 괜찮지?"

"솔로 발라드는 한번쯤 꼭 해보고 싶었어요!"

원더우먼즈도 5명의 그룹이 아닌 다른 구성으로 자신의 개성을 뽐낼 수 있다고 생각했기 때문에 이 의견에 찬성했다.

"음, 서희랑 센미. 너희는 트로트 자매로 나가자!"

"트로트요? 이제 겨우 17살인데 트로트를 해도 돼요?"

"나이는 숫자에 불과하단다."

이제곱 씨는 바쁘게 구성을 짰다. 원더우먼즈가 활동할 수 있는 멤버 구성법을 모두 짜니 10가지 방법이 나왔다. 박쥔영 사장은 수학은 아예 포기하고 등을 돌렸기 때문에 이 모든 것은 이제곱 씨가 주도해 나갔다.

"이제곱 씨, 어떻게 되어 가고 있나요?"

"네, 모두 10가지 방법이 나왔고요, 원더우먼즈 모두 열심히 활동하고 있습니다."

"음. 뭐 이제곱 씨가 10가지라면 10가지가 맞겠죠. 이번에 원더우먼즈 활동의 모든 경우의 수를 보여 준다고 팬들과 약속했으니 이제곱 씨가 힘써 주세요!"

박쥔영 사장은 이 문제에 있어서는 이제곱 씨를 많이 의지했다. 원더우먼즈도 맡은 활동을 열심히 해 나갔다. 시간이 지나고 원더우먼즈의 활동이 어느 정도 정착되어갈 때쯤 박쥔영 사장은 공식 홈페이지에 들어가 보았다.

"팬들은 어떤 반응인지 한번 볼까?"

원더우먼즈의 공식 홈페이지에는 많은 글이 올라와 있었다.

언니, 발라드 부르는 거 보니깐 너무 멋져요!

누나! 저랑 결혼해 주세요!

내 아들이 좋아한다기에 봤다가 나도 팬이 됐어!

반응은 매우 좋았다. 박쿼영 사장이 의도한 대로 원더우먼즈의 개성이 각각 발휘되어 더 큰 인기가 생기고 더 많은 팬이 모여들었다. 그런데 게시물 중에서 유독 눈에 띄는 제목의 글이 있었다.

아이러니~ 말도 안 돼~.

박쿼영 사장은 혹시 안티 팬의 글은 아닐까 조마조마해 하며 게시물을 읽었다. 다행히 안티 팬이 아닌 원더우먼즈의 팬이 적어 놓은 글이었다. 그러나 게시물에는 박쿼영 사장의 마음에 쓰나미를 몰고 올 내용이 적혀 있었다.

안녕하셨쎄요? 저는 원더우먼즈를 정말 좋아해서 앉으나 서나 하루 종일 원더우먼즈만 생각하는 팬입니다. 이번에 원더우먼즈가 활동할 수 있는 모든 경우의 수로 활동을 한다고 하셨는데, 이거 순 거짓말이네요! ZYP 연예 기획사는 뻥쟁이! 모든 경우를 다 보여 주지도 않아 놓고 다 보여 준다고 왜 거짓말 하셨쎄요!

글을 보며 박쿼영 사장은 고개를 갸우뚱했다. 분명히 이제곱 씨가 책임지고 모든 경우로 활동하게 했을 텐데, 이 항의글은 무엇일까 생각했다. 그러나 머리를 굴려도 수학에 대해선 전혀 모르겠어서 결국 이제곱 씨를 불렀다.

"이 게시물 보셨습니까?"

"저를 뭐로 보시고! 저는 활동을 관리하는 사람이지 게시판을 관리하는 사람이 아닙니다!"

이제곱 씨가 급히 손사래를 치며 고개를 돌렸다. 하지만 박쥔영 사장의 목소리는 단호했다. 수학에는 약할지 몰라도 기획사 사장 으로서는 엄격했다.

"그게 아니라, 게시판에 원더우먼즈가 모든 경우의 수로 활동을 하지 않았다는 항의글이 올라왔습니다! 이제곱 씨! 제대로 하신 거 맞습니까?"

"네? 그런 게시물이 올라왔어요? 저는 제대로 하고 있습니다!"

이제곱 씨가 쭈뼛쭈뼛했다. 그럴수록 박쥔영 사장이 더 밀어붙였다.

"그럼 이 게시물은 뭐죠?"

"그건 저도 모르죠! 생사람 잡지 마십쇼."

이제곱 씨는 고개를 도리도리 흔들며 박쥔영 사장의 눈을 피해 뒷걸음질쳐 나가려 했다. 그러나 박쥔영 사장이 마지막으로 한 말 에 걸음을 멈추고 말았다.

"이건 당신만의 문제가 아니라 기획사와 원더우먼즈의 신뢰에 관한 문제예요! 우리가 모든 경우의 수로 활동을 한다고 했는데 그게 거짓말이 되면 원더우먼즈만 뻥쟁이가 되는 겁니다!"

결국 박쥔영 사장은 이 일로 법정까지 가게 되었다. 수학법정에 서 이제곱 씨와 팬의 말 중에 누구 말이 맞는지 밝히기로 했다.

원소의 개수가 5개인 집합의 부분집합 개수는 2^5=32(개)입니다.

원더우먼즈가 서로 다르게
활동할 수 있는 멤버 구성법은
모두 몇 가지일까요?
수학법정에서 알아봅시다.

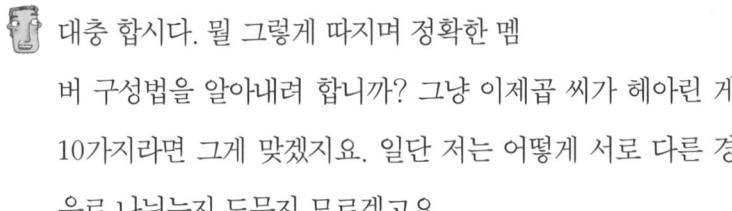

재판을 시작합니다. 먼저 수치 변호사 의
견을 말해 주세요.

대충 합시다. 뭘 그렇게 따지며 정확한 멤
버 구성법을 알아내려 합니까? 그냥 이제곱 씨가 헤아린 게
10가지라면 그게 맞겠지요. 일단 저는 어떻게 서로 다른 경
우로 나뉘는지 도무지 모르겠고요.

저걸 변론이라고 하다니. 매쓰 변호사가 의견을 말해 주세요.

집합 연구소 소장인 지파비 씨를 증인으로 요청합니다.

노란 티셔츠에 청바지 차림인 30대 중반의 남자가 증인
석으로 들어왔다.

 증인은 이번 의뢰에 대해 어떻게 생각합니까?

 멤버 구성법은 10가지보다 많습니다. 구체적으로 31가지 이지요.

 어떻게 그렇게 되지요?

 이것은 부분집합의 원리를 이용하면 됩니다. 원더우먼즈는 5
명으로 이루어져 있습니다. 즉, 원더우먼즈의 멤버를 A, B,

C, D, E라고 하면 원더우먼즈의 집합은 {A, B, C, D, E}가 되지요. 그러므로 A 혼자 활동하는 것을 {A}, A와 C가 듀엣을 이루어 활동하는 것을 {A, C}라고 하면 결국 원더우먼즈의 서로 다른 멤버 구성의 종류는 집합 {A, B, C, D, E}의 부분집합의 개수에서 1을 뺀 수가 됩니다.

 왜 1을 빼죠?

 공집합은 모든 집합의 부분집합이므로 {A, B, C, D, E}의 부분집합입니다. 그런데 공집합이란 원소가 없으므로 아무도 활동하지 않는 경우를 말하게 되어 제외해야 하지요. 지금 집합 {A, B, C, D, E}의 원소 개수가 5이므로 부분집합의 개수는 $2^5=32$(개)가 되고 여기서 1을 뺀 수인 31가지가 서로 다른 멤버 구성법이 됩니다.

 그렇군요. 설명 고맙습니다.

 판결합니다. 지파비 씨의 분석에 따라 원더우먼즈의 서로 다

 부분집합의 개수

$A=\{1, 2, \cdots, 9\}$의 부분집합 중에서 3의 배수를 적어도 한 개 포함하는 부분집합 개수는 몇 개일까? 3의 배수를 적어도 한 개 포함하는 부분집합은 부분집합 전체에서 3의 배수가 포함되지 않는 부분집합을 제외한 경우이다. 그러니까 원소의 개수가 9개인 집합의 부분집합의 개수에서 3의 배수를 모두 제외한 부분집합의 개수를 빼 주면 된다. 원소의 개수가 9개인 집합의 부분집합 개수는 2^9개이고 3의 배수는 3, 6, 9이니까 3의 배수를 제외한 부분집합의 개수는 $2^{9-3}=2^6$(개)가 된다.
따라서 3의 배수를 적어도 한 개 포함하는 부분집합의 개수는 $2^9-2^6=448$(개)이다.

과학공화국
수학법정 10

른 멤버 구성법은 모두 31가지로 결론을 내리겠습니다. 이상
으로 재판을 마치도록 하겠습니다.

재판이 끝난 후, 이제곱 씨는 박쥔영 사장과의 계약이 해지되었
고 박쥔영 사장은 지파비 씨를 매니저로 뽑아 원더우먼즈의 31가
지 다양한 활동을 팬들에게 공개하였다.

합집합이 왜 교집합으로 바뀌죠?

어떤 두 집합에서 합집합의 여집합은
각각의 여집합의 교집합과 같다는 말이 사실일까요?

과학공화국에는 탐구심이 깊은 사람들이 많아서
마을마다 학회가 하나씩 있었다. 그중 유난히 들꽃
이 많이 피어 있는 마을에는 수학 학회가 있었다.

"못믿어 씨! 어째서 내가 아이큐 400이라는 걸 안 믿는 거요!"

"그걸 말이라고 합니까? 아이큐 400이면 아인슈타인보다 똑똑
하다는 거잖아요!"

"제가 더 똑똑할지 누가 압니까! 허허허!"

수학 학회 회원들 중에는 아마추어 수학자인 다모르간이 있는
데, 수학 학회에서 이 사람을 모르는 사람이 없었다. 왜냐하면 다

모르간은 하는 말마다 도저히 믿을 수 없는 허풍만 꺼내 놓는 허풍쟁이였기 때문이다. 하루는 못믿어 씨와 다모르간 씨가 함께 밥을 먹고 있었다.

"나도 이제 나이가 들었나 싶네. 애완동물을 기르고 싶어서 조그마한 강아지를 분양받을까 생각중이야."

못믿어 씨는 흰머리가 희끗희끗 보이는 나이에 아들딸과 따로 살기 때문에 외로움을 느끼고 있었다. 그래서 다모르간에게 애완동물에 대해 말을 꺼냈다. 그러자 다모르간이 기다렸다는 듯이 또 허풍을 떨기 시작했다.

"겨우 강아지 말입니까? 저는 옛날에 코끼리를 키워봤습니다!"

"또 거짓말을 하려는 건가? 코끼리를 어떻게 키워!"

"정말 키웠습니다! 하지만 코끼리가 싼 똥이 정원을 가득 채우는 바람에 코끼리를 동물원에 기증했어요."

이러면서 다모르간은 다시 허허허 웃을 뿐이었다. 못믿어 씨는 또 허풍이겠거니 하며 넘어갔다. 이렇게 허풍을 떠는 바람에 학회 사람들이 모이면 빠지지 않고 하는 말이 다모르간의 새로운 허풍이 무엇인지 얘기하는 것이었다.

"이번에는 뭐라는 줄 알아? 글쎄, 코끼리를 키워봤대."

"자기 집이 동물원도 아닌데 무슨 코끼리래? 그러면 나도 매머드 키워봤다고 해도 되겠네."

"하하하, 자네도 참."

수학 학회 모임은 마을의 수학자들이 모두 모인 자리에서 새로운 수학 법칙을 알아낸 수학자가 그 법칙에 대해 발표하는 것으로 진행되었다. 이번 학회 모임에서 발표할 사람은 바로 다모르간이었다.

"여러분, 이제 다모르간씨의 발표가 시작됩니다. 모두 자리에 앉아 주십시오."

학회장의 안내말이 나오고 사람들은 각자 자리에 앉았다. 하지만 모두 발표 내용에는 관심이 없는 듯 심드렁한 표정들이었다. 못믿어 씨는 옆에 앉은 안속아 씨에게 조그맣게 말을 걸었다.

"이번에는 또 어떤 발표를 할지 기대되는군요."

"그래, 자기 아이큐가 400이 넘는다는 것보다 더한 허풍일지 기대해 보자고."

마침 다모르간이 긴장되는 표정으로 종이 몇 장을 들고 사람들이 바라보는 단상 위로 올라갔다. 평소와는 다르게 이마에 수도꼭지를 틀어놓은 듯 땀을 뚝뚝 흘리고 물도 계속 마시는 모습에서 그가 긴장했다는 사실이 역력히 드러났다 .

"안녕하세요. 다모르간입니다."

인사와 함께 의례적인 박수가 나왔다. 사람들은 그리 기대하지 않는 표정으로 멀뚱히 다모르간만 쳐다봤다. 그럴수록 다모르간의 다리는 개다리 춤을 추듯 벌벌 떨렸다.

'아, 이렇게 많은 사람들 앞에 있으니깐 긴장돼서 다리가 후들

후들거리네.'

드디어 다모르간이 입을 열었다.

"저는 오늘 여러분께 대단한 발견을 말씀드리고자 합니다."

사람들은 발견이라는 말이 떨어지기가 무섭게 콧방귀를 뀌었다.

'대단한 발견이라니. 또 아무것도 아닌 것을 갖고 저러는 거 아니야?'

다모르간은 기대에 찬 눈빛으로 자신을 쳐다볼 것이라는 예상과는 전혀 다른 반응에 얼른 자신의 발견을 말해야겠다고 생각했다. 마치 비밀문서를 읽듯이 조심스럽게, 그러나 또박또박 자신의 이론을 말했다.

"어떤 두 집합에서 합집합의 여집합은 각각의 여집합의 교집합과 같다는 걸 제가 알아냈습니다!"

다모르간의 말이 끝나자마자 사람들은 갑자기 웅성대기 시작했다. 너도나도 서로 저 이론은 또 다모르간의 허풍일 거라고 생각한 것이다.

"아니, 합집합이 왜 교집합으로 바뀐단 말이야?"

"내 말이! 이거 또 뻥인 것 같은데?"

다모르간이 갑자기 시끄러워진 학회 모임을 조용히시키기 위해 두 손으로 탁자를 쳤다. 그러자 사람들은 다시 집중을 했다. 다모르간은 자랑스럽게 물었다.

"어때요? 대단한 발견이지 않습니까?"

"그런 뻥이 어디 있습니까!"

칭찬을 기대했던 다모르간은 뜻밖의 반응에 눈이 동그랗게 떠졌다.

"뻥이라니요! 이것은 수학의 집합에서 새로운 혁신입니다!"

"도대체 왜 합집합이 교집합으로 바뀌는 겁니까! 그냥 막 갖다 붙이지 마십시오!"

한두 사람이 일어나서 항의를 하다가 어느새 모든 사람이 일어나 다모르간을 못 믿겠다며 밀어붙였다. 자신의 이론에 확신이 있었던 다모르간만 난처하게 되었다.

"이건 정말 가능한 일입니다! 믿어 주세요!"

"수학에서도 거짓말을 하시는 겁니까? 이러시면 수학의 흐름을 흐려놓는 것밖에 되지 않습니다!"

"아니라니까요!"

"법정에 가셔야지 정정하시겠어요? 수학자 분이 왜 거짓말을 하세요!"

다모르간은 이 법칙에 확고한 믿음이 있었다. 그래서 자신의 법칙이 옳다는 것이 알려지기만 한다면 법정에 가도 좋다고 생각했다.

"좋아요! 법정에 가도 좋습니다! 제 이론은 소중하니까요!"

"법칙을 설명할 수가 없으니 믿지 않는 건 당연하죠!"

멀리서 한 여자 수학자가 꾀꼬리 같은 목소리로 답답하다는 듯 말했다. 그러자 다모르간은 결심했다는 듯이 다시 사람들을 조용히시켰다. 여태까지 볼 수 없었던 확신에 찬 모습이었다.

"좋습니다. 법정에서 제 법칙을 벤다이어그램으로 설명하겠습니다. 그래서 법칙이 옳다는 걸 증명하겠습니다!"

"좋아요. 거짓말인지 아닌지는 수학법정에서 따져 봅시다."

이렇게 하여 학회 사람들은 다모르간을 수학법정에 고소했다.

전체집합 $U=\{1, 2, 3, 4\}$일 때 집합 $A=\{1, 3\}$이라 하면
A의 여집합은 A^c라고 쓰고 $A^c=\{2, 4\}$가 됩니다.

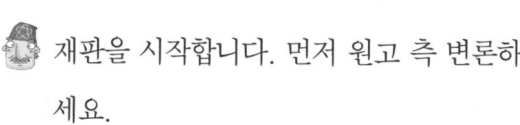
어떤 두 집합에서 합집합의 여집합은 각
각의 여집합의 교집합과 같을까요?
수학법정에서 알아봅시다.

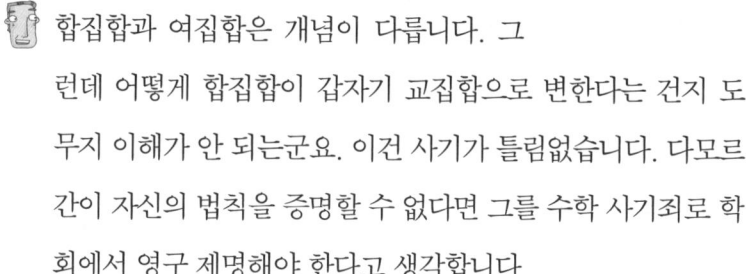

재판을 시작합니다. 먼저 원고 측 변론하

세요.

합집합과 여집합은 개념이 다릅니다. 그

런데 어떻게 합집합이 갑자기 교집합으로 변한다는 건지 도

무지 이해가 안 되는군요. 이건 사기가 틀림없습니다. 다모르

간이 자신의 법칙을 증명할 수 없다면 그를 수학 사기죄로 학

회에서 영구 제명해야 한다고 생각합니다.

재판을 지켜보죠. 피고 측 변론하세요.

이번에 집합에 대한 새로운 공식을 발표한 다모르간을 증인

으로 요청합니다.

머리가 훤히 벗어진 40대 남자가 화이트 보드를

가지고 증인석에 나왔다.

증인은 어떤 두 집합에서 합집합의 여집합은 각각의 여집합

의 교집합과 같다고 주장했지요?

그렇습니다.

그런데 여집합이 뭐죠?

 전체집합에서 그 집합의 원소를 제외한 집합을 그 집합의 여집합이라고 합니다. 예를 들어 전체집합이 {1, 2, 3, 4}일 때 집합 $A = \{1, 3\}$이라고 하면, A의 여집합은 A^c라고 쓰는데 $A^c = \{2, 4\}$가 되는 거죠.

 간단하군요. 그렇다면 증인이 만든 공식을 증명할 수 있나요?

 물론입니다. 벤다이어그램을 이용하여 그림으로 증명할 수 있어요. 그래서 칠판을 가지고 왔지요. 우선 합집합은 ∪이라고 쓰고 교집합은 ∩이라고 쓰지요. 그러면 내가 만든 공식은 다음과 같아요.

$$(A \cup B)^c = A^c \cap B^c$$

 기호로 쓰니까 보기가 좋군요. 그런데 어떻게 증명하죠?

 $(A \cup B)^c$를 벤다이어그램으로 그리면 다음과 같아요.

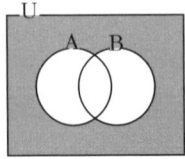

 전체에서 두 집합의 합집합을 제외한 부분이 되는군요.

 맞아요. 그러므로 우변을 그렸을 때 이것과 같은 그림이 되면 되는 거죠.

$A^c \cap B^c$을 벤다이어그램으로 그리면 다음과 같아요.

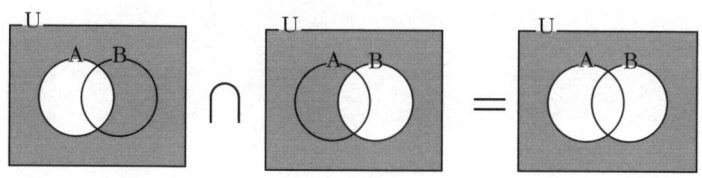

 정말 같아졌군요. 말이 필요 없네요. 그렇죠? 판사님.

 그렇군요. 벤다이어그램이 이렇게 편리한 방법인지 처음 알
았어요. 앞으로 아이들이 집합 공부를 할 때 벤다이어그램을
활용하는 수업을 많이 하도록 각 학교에 권장할 예정입니다.
결론적으로 다모르간의 이론은 옳았군요. 이 공식을 다모르
간의 법칙이라고 부르겠습니다. 이상으로 재판을 마치도록
하겠습니다.

재판이 끝난 후, 모든 수학 교과서에는 다모르간의 법칙이 수록
되었고, 다모르간은 전국의 학교를 돌며 자신의 법칙을 학생들에
게 설명해 주었다.

 여집합, 차집합의 원소 개수

집합 A의 원소의 개수는 기호 $n(A)$로 쓴다. 예를 들어, 집합 A의 원소의 개수가 3개일 때 기호로
는 다음과 같다. $n(A)=3$
어떤 집합에서 여집합의 원소 개수는 전제집합의 원소 개수에서 그 집합의 원소 개수를 빼주면 된
다. 즉, $n(A^c)=n(U)-n(A)$이다.
집합 $A-B$의 원소 개수는 집합 A의 원소 개수에서 집합 B원소의 개수를 뺀 값이 아니라 $n(A-B)=n(A)-n(A \cap B)$로 계산된다.

수학성적 끌어올리기

집합

'2002 월드컵 4강 팀의 모임'은 집합일까요? 대~한민국! 짝짝 짝 짝짝! 아! 또 다시 6월의 감동이 생각나죠? 2002월드컵 4강 팀은 한국, 터키, 독일, 브라질입니다. 이렇게 명확하게 구별할 수 있는 대상들의 모임이 집합입니다. 그리고 한국, 터키, 독일, 브라질을 이 집합의 원소라고 부릅니다.

그렇다면 어떤 것이 집합이 아닐까요? 예를 들어 '예쁜 여자들의 모임'을 생각해 보죠. '예쁘다' '뚱뚱하다' '키가 작다' 등은 보는 사람에 따라 달라질 수 있습니다. 이렇게 명확하게 구별할 수 없는 대상들의 모임은 집합이 아니지요.

과학공화국
수학법정 10

4보다 작은 자연수는 1, 2, 3입니다. 누구에게 물어도 4보다 작은 자연수는 1, 2, 3입니다. 이렇게 조건을 만족하는 대상이 정확하게 결정되는 모임을 집합이라고 부릅니다.

집합은 영어 대문자로 나타냅니다. 그러므로 이 집합을 A 라고 하면 다음과 같이 쓸 수 있습니다.

$A = \{1, 2, 3\}$

이렇게 집합을 이루는 대상을 그 집합의 원소라고 부르지요. 즉 1, 2, 3은 집합 A 의 원소이고 4는 집합 A 의 원소가 아닙니다. 그러므로 집합 A 의 원소 개수는 3개입니다.

집합의 원소는 다음과 같이 그림으로 나타내는데 이 그림을 벤 다이어그램이라고 부릅니다.

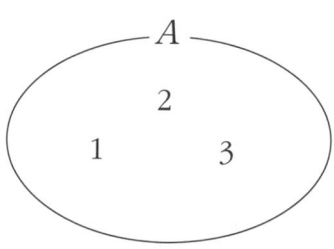

수학성적 ^{끌어올리기}

공집합

원소가 없는 집합도 있을까요? 있습니다. 예를 들어 우리 반에서 키가 3m이상인 사람의 모임을 봅시다. 우리 반 아이들의 키를 모두 재 보았더니 그런 학생은 없었습니다.

이렇게 대상을 정확하게 골라낼 수는 있지만 해당되는 대상이 없을 수 있습니다. 이 집합의 원소는 없는 것이고, 이런 집합을 공집합이라고 부르지요. 공집합은 { } 또는 Ø 로 나타냅니다.

좀 더 수학적인 예를 들면 집합 C를 1보다 작은 자연수의 모임이라고 합시다. 1보다 작은 자연수는 없으니까 집합 C의 원소는 없습니다. 그러므로 집합 C는 공집합이 되고 $C = Ø$ 라 씁니다.

집합을 나타내는 방법

집합을 나타내는 방법에는 두 가지가 있습니다. 집합에 속하는 원소를 { }안에 나열하는 표현을 원소나열법이라고 하지요. 예를 들어 3이하 자연수의 집합을 원소나열법으로 나타내면 {1, 2, 3}

이 됩니다.

또 다른 집합의 표현 방법으로는 원소들이 만족하는 공통된 조건을 쓰는 조건제시법입니다. 예를 들어 3이하 자연수의 집합을 조건제시법으로 나타내면 $\{x \mid x$는 3이하의 자연수$\}$가 됩니다.

부분집합

집합 A의 모든 원소가 집합 B에 속할 때 A를 B의 부분집합이라고 부릅니다. 그러므로 공집합은 모든 집합의 부분집합이고 또한 모든 집합은 자기 자신의 부분집합입니다.

예를 들어 두 집합 $A = \{1, 3\}$, $B = \{1, 3, 5, 7\}$가 있을 때 A의 원소가 모두 B에 있으므로 A는 B의 부분집합입니다.

그럼 어떤 집합의 부분집합 개수는 몇 개일까요?

원소의 개수가 2개인 집합 $\{1, 2\}$의 부분집합을 모두 써 보면 다음과 같습니다.

원소의 개수	부분집합
0	Ø
1	{1} , {2}
2	{1, 2}

원소의 개수가 2개일 때 부분집합의 개수는 $2^2=4$(개)가 됩니다.

원소의 개수가 3개인 집합 {1, 2, 3}의 부분집합은 다음과 같습니다.

원소의 개수	부분집합
0	Ø
1	{1} , {2} , {3}
2	{1, 2} , {1, 3} , {2, 3}
3	{1, 2, 3}

원소의 개수가 3개일 때 부분집합의 개수는 $2^3=8$(개)가 됩니다.

그러므로 원소의 개수가 n개이면 부분집합의 개수가 2^n(개)가 된다는 것을 알 수 있습니다.

원소의 개수가 3개인 집합 {1, 2, 3}의 부분집합 중에서 특정한 원소 1을 반드시 포함하는 부분집합은 몇개 일까요?

1은 무조건 들어가야 하니까 다음과 같습니다.

{1}, {1, 2}, {1, 3}, {1, 2, 3} .

4개입니다. 이것은 1이 무조건 들어가니까 {2, 3}의 부분집합을 구하고 이 부분집합에 1을 모두 넣어 주면 됩니다.

그렇다면 원소의 개수가 3개인 집합 {1, 2, 3}의 부분집합 중에서 특정한 원소 1을 반드시 포함하는 부분집합의 개수는 {2, 3}의 부분집합의 개수, 즉 $2^2=2^{3-1}=4$(개)가 됩니다.

집합 {1, 2, 3, 4, 5}의 부분집합 중에서 원소 1과 2를 포함하는 부분집합을 구해 보면 다음과 같습니다.

　　　　원소가 2개인 것 … {1, 2}

　　　　원소가 3개인 것 … {1, 2, 3}, {1, 2, 4}, {1, 2, 5}

　　　　원소가 4개인 것 … {1, 2, 3, 4}, {1, 2, 3, 5}, {1, 2, 4, 5}

　　　　원소가 5개인 것 … {1, 2, 3, 4, 5}

원소 1, 2를 포함하는 부분집합의 개수는 $2^3=2^{5-2}=8$개가 됩니다.

그러므로 원소의 개수가 n개인 부분집합 중에서 특정원소 m개를 반드시 포함하는 부분집합의 개수는 2^{n-m}(개)라는 것을 알 수 있습니다.

교집합과 합집합

집합 A의 원소이면서 동시에 집합 B의 원소로 이루어진 집합을 A와 B의 교집합이라고 부르고 $A \cap B$라고 씁니다.

예를 들어 두 집합 $A = \{1, 2, 3, 4, 5\}$, $B = \{4, 5, 6, 7, 8\}$ 를 보면 교집합은 다음과 같이 됩니다.

$A \cap B = \{4, 5\}$

교집합을 벤다이어그램으로 나타내면 다음 그림과 같습니다.

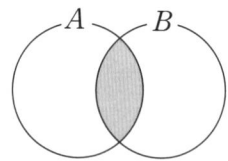

두 집합 A, B에 대해 집합 A에 속하거나 집합 B에 속하는 원소들의 모임을 두 집합의 합집합이라고 하고 $A \cup B$라고 씁니다.

예를 들어 두 집합 $A = \{1, 2, 3, 4, 5\}$, $B = \{4, 5, 6, 7, 8\}$ 를 보면 합집합은 다음과 같습니다.

$A \cup B = \{1, 2, 3, 4, 5, 6, 7, 8\}$

합집합을 벤다이어그램으로 나타내면 다음 그림의 색칠한 부분과 같습니다.

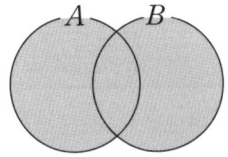

차집합

A의 원소 중 B에도 속하는 원소를 뺀 집합을 A에 대한 B의 차집합이라고 부르고 $A-B$라고 씁니다.

예를 들어 두 집합 $A = \{1, 2, 3, 4, 5\}$, $B = \{4, 5, 6, 7\}$일 때 $A-B$는 A의 원소에서 B에도 있는 원소를 모두 지우고 남는 것입니다. 그러므로 $A-B = \{1, 2, 3\}$입니다.

집합 $A = \{1, 2, 3, 4, 5\}$, $B = \{4, 5, 6, 7\}$에서 $A-B$를 구할 때는

〔1〕A의 원소를 쓴다.   1, 2, 3, 4, 5

〔2〕B에 있는 원소를 지운다.   1, 2, 3

〔3〕남아있는 수들이 $A-B$의 원소이다. $\therefore A-B = \{1, 2, 3\}$

여집합

어떤 주어진 집합에 대하여 그 집합의 부분집합을 생각할 때, 처음에 주어진 집합을 전체집합이라 하고 보통 U로 나타내며 벤 다이어그램에서는 보통 직사각형으로 나타냅니다. 또한 어떤 집합 A가 전체집합 U의 부분집합일 때, U의 원소 중 A에 속하지 않는 원소들의 모임을 A의 여집합이라고 하며 A^c로 나타냅니다.

여집합에는 재미있는 성질이 있습니다. 예를 들어 전체집합을 사람들이라고 하고 A를 남자들의 집합이라고 하면 A^c는 여자들의 집합입니다. 그럼 $(A^c)^c$는 여자가 아닌 사람들의 집합이니까 남자들의 집합 A가 됩니다. 남자이면서 동시에 여자인 사람은? 그

런 사람은 없겠지요? 그러니까 $A \cap A^c = \varnothing$입니다. $A \cup A^c$는 남자들의 집합 또는 여자들의 집합이니까 모든 사람이지요. 그러니까 $A \cup A^c$는 바로 전체집합 U입니다.

난 남자들의 집합

난 남자가 아니니까 남자들의 여집합

그럼 너희들의 교집합은 공집합이겠구나.

집합의 연산 문제

두 집합의 연산에 관한 문제를 풀어 봅시다.

$U = \{1, 2, 3, 4\}$, $A = \{1, 2\}$, $B = \{2, 3\}$일 때,

다음 중 옳지 않은 것은 무엇일까요?

① $(A \cup B) \cap (A \cup B^c) = A$

② $\{(A \cup B^c) \cap B\}^c = (A \cap B)^c$

③ $(A \cap B^c) \cap (A^c \cap B) = \varnothing$

④ $(A \cap B) \cup (A \cap B^c) \cup (A^c \cap B) = A \cap B$

여기서 $\varnothing$는 원소가 하나도 없는 집합인 공집합을 나타내는 기호입니다.

두 집합 A, B의 연산 문제는 다음과 같은 벤다이어그램을 이용합니다.

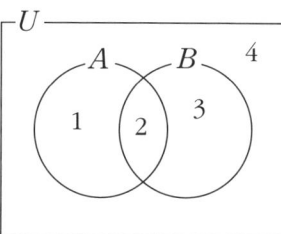

이러한 벤다이어그램을 이용하면 모든 집합을 다음과 같이 숫자로 나타낼 수 있습니다.

$$A = \{1, 2\} \quad B = \{2, 3\} \quad A \cap B = \{2\} \quad A \cup B = \{1, 2, 3\}$$

차집합은 다음과 같습니다.

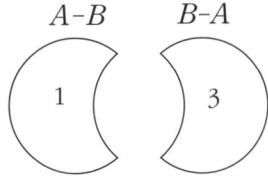

$A-B = \{1\}$, $B-A = \{3\}$

A^c는 전체에서 A를 뺀 부분이고 $A = \{1, 2\}$이니까 $A^c = \{3, 4\}$입니다.

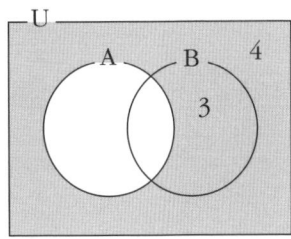

문제를 풀어봅시다.

① $(A \cup B) \cap (A \cup B^C) = \{1, 2, 3\} \cap \{1, 2, 4\} = \{1, 2\} = A$

∴ 맞음

② $\{(A \cup B^C) \cap B\}^C = \{(1, 2, 4) \cap (2, 3)\}^C = \{2\}^C = \{1, 3, 4\}$,

$(A \cap B)^C = \{1, 3, 4\}$　∴ 맞음

③ $(A \cap B^C) \cap (A^C \cap B) = \{1\} \cap \{3\} = \varnothing$　∴ 맞음

④ $(A \cap B) \cup (A \cap B^C) \cup (A^C \cap B) = \{2\} \cup \{1\} \cup \{3\} = \{1, 2, 3\}$

이고 $A \cap B = \{2\}$　∴ 틀림

그러므로 옳지 않은 것은 ④번입니다.

제2장

$\sqrt{2}$ 명제에 관한 사건

증명 – 제곱해서 2가 되는 수를 분수로 나타낸다고?

명제의 대우 ① – 범인은 누구?

명제의 대우 ② – 희한한 대우 명제

대우 – 해피를 찾아라

삼단 논법 – 이상한 삼단 논법

제곱해서 2가 되는 수를 분수로 나타낸다고?

미스터 박은 무리수를 분수로 바꿀 수 있을까요?

머리카락이 하얗게 센 노인이 산 정상에서 비를 맞으며 소리를 지르고 있었다. 그의 이름은 미스터 박. 그는 두 팔을 하늘을 향해 번쩍 들며 말했다.

"으하하하, 비야 불어라! 바람아 몰아쳐라! 나는 이제 너희들을 다 알고 있다. 으하하하!"

그렇게 비를 맞으며 소리치던 그가 어느 순간 털썩 쓰러져 버렸다. 뒤에서 지켜보고 있던 가족들이 우르르 그에게 달려갔다.

"할아버지! 괜찮으세요?"

"이거 한두 번도 아니고, 언제 또 정신병원에서 탈출하신 거래?

그 정신병원은 환자들 감시도 안하고 도대체 뭐하는 병원이야?"

"당신이 지금 그런 이야기할 때에요? 자, 얼른 아버님 업어요. 나이도 많으신데 이렇게 쓰러지셔서 어쩌나……."

가족들은 그를 업어 차에 태웠다. 차는 빗속을 뚫고 힘차게 달려 어느 건물 앞에 섰다.

그 순간 노인의 눈이 번쩍하고 떠졌다.

"애야, 여긴 어디냐?"

"아버님, 병원이에요. 저희한테 말씀도 안 하시고 매번 이렇게 탈출하시면 어떡해요? 나으실 때까지 병원에 계셔야죠."

"애야, 나는 세상의 진실을 알아냈어. 그런데 병원에 있으라는 소리냐?"

"아버님, 또 그 소리세요? 휴, 안 되겠어요. 얘들아, 할아버지를 어서 병원에 모셔다 드려야겠다."

미스터 박은 다시 병원으로 끌려들어 갔다. 그러나 일주일 뒤에 미스터 박의 집에 한 통의 전화가 걸려 왔다.

"여기는 정신병원입니다. 혹시 미스터 박, 집에 가셨나요?"

"뭐라고요? 할아버지께서 당연히 병원에 계셔야지, 왜 집에 있겠어요? 설마…… 또 탈출하신 거예요?"

"죄송합니다. 저희 쪽에서도 뭐라 드릴 말씀이 없습니다. 찾는 대로 다시 연락드리겠습니다. 가족 분들 또한 협조 부탁드립니다."

가족들은 며칠 동안 미스터 박이 갈만한 곳을 모조리 찾아다녔지만 여전히 미스터 박은 보이지 않았다. 마침내 가족들은 길에 공고를 붙이기로 하였다.

〈사람을 찾습니다〉

이름 : 미스터 박

나이 : 96살

인상착의 : 흰 머리카락이 허리까지 내려옴.

　　　　　흰 도복을 입고 다님.

　　　　　(혹시나 환자복을 입고 있을지도 모름.)

특징 : 수학의 진실을 알아냈다고 주장함.

가족들은 도시의 전봇대마다 공고를 붙였다. 공고를 붙인 뒤 3일이 지나자 한 통의 전화가 왔다.

"저, 미스터 박을 찾는다는 공고를 보고 전화 드렸습니다. 아무래도 찾으시는 분이 저희 클럽 회장님 같으신데요, 26-5번지로 한번 오시겠어요?"

가족들은 그 말을 듣고 너무 놀라서 뛰어 갔다. 그곳에 도착하니 '수학 미치광이 클럽'이라는 문패가 걸려 있었다. 문을 열고 들어가니 토론이 한창 중이었다.

"세상의 모든 수는 자연수의 비로 나타낼 수 있습니다. 자연수의 비로 사물의 아름다움을 나타내는 것이죠. 정말 놀랍지 않습니까? 이것이 바로 수의 진실이자, 사물의 진실입니다. 여러분은 진리에 한층 가까워졌습니다. 하지만 우리는 여기서 멈추면 안 됩니다. 더욱 더 간절하게 진리를 원해야 합니다. 자! 다 같이 외칩시다. 수학 클럽~ 수학 클럽~ 수학 클럽~."

클럽 사람들의 열기는 점점 더 고조되어 갔다.

"이를 어째, 사람들이 워낙 많아서 아버님 얼굴이 잘 보이지 않아요."

"엄마, 얼른 확인해 봐요. 근데 우리 할아버지 정말 대단하시다. 엄마, 할아버지가 정말 수의 비밀을 찾았나 봐."

그때 갑자기 클럽 회장 미스터 박이 얼굴을 번쩍 들었다.

"앗, 저기 할아버지 맞아요! 할아버지, 할아버지!"

"아버님~!"

가족들은 큰 소리로 미스터 박을 부르기 시작했다.

그때 그들보다 더 큰 소리로 외치는 사람이 한 명 있었다.

"회장, 당신이 말한 수의 비밀은 거짓이오!"

모든 클럽 회원들이 소리가 들리는 쪽으로 시선을 돌렸다.

"미스터 박, 모든 수는 비로 나타낼 수 있다고 했죠? 하지만 제곱해서 2가 되는 수는 분수로 나타낼 수 없어요. 아시겠어요? 당신의 진리는 거짓이라고요."

클럽 사람들은 웅성거리며 동요하기 시작했다. 미스터 박이 황급히 대답했다.

"내 진리에 도전하는 자, 당신은 우리를 시험하고 있구나. 가라, 당신을 '수학 미치광이 클럽'에서 퇴출시키겠노라. 어서 물러 가거라."

"뭐라고? 난 당신의 비밀이 진리가 아니라는 사실을 사람들에게 말해 줄 의무가 있어."

"아니, 그렇지 않소. 세상의 모든 수는 비로 나타낼 수 있소. 수의 진리는 절대적이오."

"후후, 그렇다면 우리 한번 수학 법정에 의뢰해 보는 것이 어떻소?"

'수학 미치광이 클럽' 사람들은 정말 세상의 모든 수를 비로 나타낼 수 있는지 알아보기 위해 수학법정에 의뢰하였다.

$$\sqrt{2} = 1 + \cfrac{1}{2 + \cfrac{1}{2 + \cfrac{1}{2 + \cfrac{1}{2 + \cdots}}}}$$ 와 같이 연분수로 표현이 가능합니다.

제곱하여 2가 되는 수를
분수로 나타낼 수 있을까요?
수학법정에서 알아봅시다.

재판을 시작합니다. 먼저 수치 변호사 의
견을 말하세요.

제곱해서 2가 되는 수는 $\sqrt{2}$입니다. 이 수
는 소수로 고치면 1.414…로 무한소수가 되고 순환마디가 없
습니다. 그러므로 분수로 고칠 수 없다는 것은 누구나 다 알
고 있지요. 그러니 더 이상 재판을 할 필요도 없습니다.

매쓰 변호사 의견을 말해 주세요.

무리수 연구소의 나무리 소장을 증인으로 요청합니다.

아직도 여드름이 피어 있는 20대 후반의 남자가 증인석
에 들어왔다.

증인이 하는 일이 뭐죠?

무리수 연구입니다.

$\sqrt{2}$ 같은 무리수를 분수로 나타낼 수 있습니까?

가능합니다. 하지만 연분수를 이용해야 됩니다.

그게 뭐죠?

 분수의 분수의 분수의……. 이런 걸 말하죠.

 이해가 잘 안 됩니다.

 좋아요. 그럼 차근차근 설명해 드리죠. 예를 들어 $\sqrt{2}$를 소수로 쓰면 다음과 같습니다.

$$\sqrt{2}=1.41421356237309504\cdots$$

이 수는 1보다 크므로 1과 어떤 분수의 합입니다.
다음 식을 생각해 보죠.

$$1+\frac{1}{2}$$

이 값은 1.5가 되므로 $\sqrt{2}$보다 큽니다. 그러므로 $\frac{1}{2}$ 보다 작은 분수를 더해야 합니다. 그러기 위해서는 $\frac{1}{2}$에서 2보다 큰 분모를 택해야 하지요. 그럼 다음과 같이 바꾸어 봅시다.

$$1+\cfrac{1}{2+\cfrac{1}{2}}$$

이것을 계산하면 1.4가 됩니다.

 이번에는 $\sqrt{2}$보다 작아졌군요.

 그렇습니다. 그러므로 $2+\frac{1}{2}$ 보다 작은 값을 분모로 택해야 합니다. 그러기 위해서는 $\frac{1}{2}$ 보다 작은 분수가 되어야 하므로 분모 2보다 큰 값을 택해야 합니다. 그럼 다음과 같이 바꾸어 봅시다.

$$1 + \cfrac{1}{2 + \cfrac{1}{2 + \cfrac{1}{2}}}$$

 이것을 소수로 고치면 다음과 같습니다.

$$1.4166666 \cdots$$

 이제 $\sqrt{2}$의 값과 비슷해졌군요.

 그러니까 이런 과정을 반복하여 $\sqrt{2}$를 연분수로 나타낼 수 있습니다. 그 결과는 다음과 같지요.

$$1 + \cfrac{1}{2 + \cfrac{1}{2 + \cfrac{1}{2 + \cfrac{1}{2 + \cdots}}}}$$

 판결합니다. 정말 멋진 표현입니다. 하지만 이 표현이 분수의 형식을 빌리기는 했지만 우리가 흔히 알고 있는 분자를 분모로 나눈 수인 분수의 개념과는 차이가 나는 것으로 판단됩니다. 따라서 $\sqrt{2}$를 연분수로 나타낼 수는 있지만 분수로는 나

타낼 수 없다고 판결하겠습니다. 이상으로 재판을 마치도록 하겠습니다.

재판이 끝난 후, 많은 수학자들이 무리수를 연분수의 꼴로 고치는 일에 매달렸다. 그리고 무리수의 연분수 표현이 속속들이 발표되었다.

 명제의 참 · 거짓

'무리수와 무리수의 합은 항상 무리수이다' 라는 명제는 참일까 거짓일까? 예를 들어 무리수 $\sqrt{2}$에 무리수 $\sqrt{2}$를 더하면 $2\sqrt{2}$가 되어 무리수가 된다. 하지만 무리수에는 양의 무리수와 음의 무리수가 있어 $\sqrt{2}$와 $-\sqrt{2}$는 둘 다 무리수이지만 그 합은 0이 되어 유리수가 되므로 위 명제는 거짓이다.

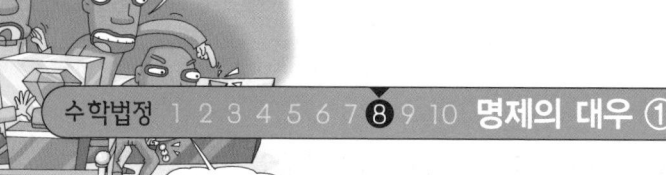

범인은 누구?

'p이면 q이다' 가 참이면 '$\sim q$이면 $\sim p$이다' 도 참일까요?

사건속으로

과학공화국의 큰 도시 중 하나인 몽블랑에는 왕씨 가문이 살고 있었다. 왕씨 가문에는 4형제가 있었는데 이름이 특이하여 마을 사람들 모두가 알고 있었다. 첫째의 이름은 대, 둘째의 이름은 한, 셋째는 민, 넷째는 국이었다. 왕씨 가족은 남부러울 것 하나 없이 편안한 삶을 살고 있었다.

그 해 여름, 왕씨 가족은 계곡으로 피서를 갔다. 대한민국 네 형제는 신나서 어쩔 줄을 몰랐다. 그들은 바위에 올라가 다이빙 점프를 하는 등 정말 재미있게 놀았다.

"얘들아, 다이빙이 그렇게 재미있어?"

"네, 정말 재미있어요. 다이빙해서 물에 들어가는 게 그냥 들어가는 것보다 훨씬 신나요."

"그러냐? 그럼 아빠도 다이빙 한번 해 볼까? 어때? 당신도 다이빙 한번 해 볼래?"

"어머, 내가 무슨 다이빙을 해? 나는 무서워서 그런 것 못해요. 호호."

"그러지 말고 같이 해보자. 내 손을 잡고 같이 다이빙하면 되잖아."

"아잉, 나는 정말 그런 거 무서워한단 말이에요."

아빠는 무서워하는 엄마를 다독거리며 같이 바위 위로 올라갔다.

"자, 하나 둘 셋 하면 뛰는 거야! 하나, 둘, 셋!"

뛰어내리려는 순간 엄마는 무서운 마음이 들어 잡고 있던 아빠의 손을 빼버렸다. 그 순간 아빠는 균형을 잃고 물이 아닌 바위로 다이빙을 해 버렸다. 엄마는 아빠가 바위로 떨어지는 모습을 보고 얼른 물속으로 뛰어들었다. 대한민국 4형제는 깜짝 놀라 아빠에게 달려갔다. 그러나 아빠는 이미 숨을 거둔 뒤였다.

"엄마, 엄마! 얼른 물에서 나와 보세요. 아빠가 세상에, 바위에 헤딩하는 바람에 하늘나라로 가신 것 같아요! 어떻게 물이 아니라 바위에 다이빙을 할 수 있지?"

"혹시 아빠는 다이빙을 물에 하는 게 아니라 바위에 하는 걸로 아신 건 아닐까? 엄마, 빨리 물에서 좀 나와 봐요!!"

하지만 엄마는 움직이질 않았다.

삐요~ 삐요~.

앰뷸런스가 오자 쓰러진 아빠, 엄마를 싣고 대한민국 4형제도 서둘러 앰뷸런스에 탔다.

"이쪽 여자 분은 물에 들어가는 순간 너무 무서워서 심장마비로 돌아가신 것 같습니다."

대한민국 4형제는 한 순간에 부모님을 잃고 말았다. 4형제는 살아갈 길이 막막했다. 그들은 다이빙의 '다' 자도 보기 싫었다.

"왕대 형, 이제 우리는 어떻게 살아가? 뭐 먹고 살아? 벌써 며칠 동안 감자밖에 못 먹었어. 배고프단 말이야."

칭얼거리는 국에게 왕대는 해줄 말이 없었다. 그때 갑자기 고개를 숙이고 있던 한이 고개를 번쩍 들며 말했다.

"형, 혹시 며칠 전부터 우리 마을에서 보석 전시회 하고 있는 것 알아?"

"뭐? 보석 전시회? 알긴 아는데, 갑자기 왜 그런 말을 하는 거야?"

"형, 우리 4형제가 이렇게 굶어 죽을 순 없잖아. 거기 가서 다이아몬드 하나만 훔치자! 그럼 평생 배고픈 거 걱정하지 않아도 되잖아."

"뭐라고? 다이아몬드를? 안 돼! 그건 '다' 자가 들어가잖아!"

"그럼 루비나 사파이어를 훔치면 되잖아! 형, 잘 생각해 봐. 우리 민이랑 국이, 매일 배불리 먹지도 못하고 저 상태에서 성장이라도 멈춰 봐. 혹은 병이라도 나면, 어떻게 되겠어?"

한의 말에 왕대는 뭐라 대답하지 못했다. 그 말을 듣고 있던 민과 국이 말했다.

"형들끼리 이야기하지 말고 우리도 끼워 줘. 국이랑 나는 몸이 작고 재빠르니까 도움이 될 거야. 정말 불쌍한 사람을 돕기 위해서 전시회를 하는 거라잖아. 우리가 불쌍한 사람이야, 그렇지 않아?"

"뭐라고? 너희들은 절대 안 돼! 범행을 저질러도 왕대 형이랑 내가 하는 거야! 알겠어?"

그렇게 4형제는 옥신각신하였다. 한참을 그러고 있는데 갑자기 왕대가 말을 꺼냈다.

"조용히해봐, 너희들 뜻은 알겠어. 이렇게 하는 게 어떨까?"

왕대는 형제들의 귀에 대고 자신의 작전을 속닥거리기 시작했다.

"오, 그거 정말 좋은 생각인데? 그럼 오늘 밤에 살짝 가져 오자고!"

그들은 밤이 되자 몰래 전시회장으로 들어갔다. 전시회장엔 아무도 없었고 깜깜하기만 했다.

"형, 그런데 경비원도 없네? 뭔가 이상한걸? 원래 경비원 정도는 세워 두지 않아?"

"후후, 훔쳐 갈 사람이 있으리라고 생각이나 했겠냐? 저기 빛나는 게 다이아몬드지? 얼른 꺼내자."

"뭐라고? 형, 다이아몬드는 꺼내지 않는다고 했잖아. '다' 자 들어가는 건 다 싫다며!"

"그렇지, 그래도 루비 10개를 들고 가는 것보다 다이아몬드 하나만 챙기면 우리 4형제 다 배부를 수 있잖니."

그들은 몰래 다이아몬드를 슬쩍 주머니에 넣고 다시 창문으로 빠져나왔다. 꽁무니가 빠져라 달려 집에 도착하자마자 문을 잠갔다. 그런데 문을 잠그고 10분도 채 안 되어서 갑자기 마을에 있던 모든 경찰차들이 형제의 집을 에워쌌다.

똑똑.

"누구세요? 지금 자는 중인데요."

"네, 경찰입니다. 자는 중인데 어떻게 말을 하시죠? 문 좀 열어 주십시오."

왕대는 하는 수 없이 문을 열었다.

"무슨 일인데 그러시죠?"

문을 여는 것과 동시에 경찰들이 현관으로 우르르 들어오더니 네 명을 체포했다.

"경찰서로 가시죠. 경비원이 잠시 화장실에 간 사이 다이아몬드가 사라졌는데 다이아몬드가 있었던 자리 밑에 '왕대' 라는 이름표가 있었습니다. 단독 범행으로는 도저히 볼 수 없으니 다 같이 가시죠."

경찰은 그렇게 대한민국 형제를 연행해 갔다. 경찰서로 가자 경찰은 대한민국 4형제를 따로 불러서 심문하기 시작했다. 그러자 다음과 같은 사실을 알 수 있었다.

- 대가 범인이면 한도 범인이다.

- 한이 범인이면 민이 범인이거나 대가 무죄이다.

- 국이 무죄이면 대가 범인이고 민은 무죄이다.

- 국이 범인이면 대도 범인이다.

하지만 경찰들은 이 사실만으로는 도저히 범인을 알아내지 못했다.

"이걸로는 안 되겠는걸? 이 사실을 토대로 수학법정에 의뢰해 보도록 하지!"

경찰들은 대한민국 4형제의 말만으로는 범인을 알 수 없어서 수학법정에 의뢰하게 되었다.

명제 'p이면 q이다'에 대해 'q가 아니면 p가 아니다'를 대우라고 합니다.
명제가 참이면 대우도 참이지요.

도대체 범인은 누구일까요?
수학법정에서 알아봅시다.

재판을 시작합니다. 먼저 수치 변호사 의
견을 말해 주세요.

이거 뭐 조사내용이 정신이 없어서, 이런
정보로 어떻게 범인을 잡겠다는 건지. 정말 과학공화국의 수
사력에 많은 문제가 있는 것 같습니다. 이 사건은 경찰에게
재수사를 요청하는 걸로 합시다.

매쓰 변호사, 의견을 말하세요.

대우 연구소의 김대우 과장을 증인으로 요청합니다.

조그만 얼굴에 약간 상기된 표정의 남자가 증인석으로
들어왔다.

이번 사건에 대해 어떻게 생각하십니까?

명제의 대우를 사용하면 됩니다.

대우가 뭐죠?

명제 'p이면 q이다' 에 대해 'q가 아니면 p가 아니다' 를 대우
라고 합니다. 주어진 명제와 대우는 참, 거짓이 같지요.

이 문제에서 어떻게 대우를 적용한다는 거죠?

 먼저 대, 한, 민, 국이 범인인 사건을 A, B, C, D라고 하죠. 예를 들어 다음과 같이 나타내 보죠.

A : 대가 범인이다.

~A : 대가 범인이 아니다.

그러므로 첫 번째 문장은 다음과 같이 쓸 수 있습니다.

$A \Rightarrow B$

여기서 ⇒는 '~이면'을 뜻합니다.

따라서 네 문장은 다음과 같이 되지요.

$A \Rightarrow B$

$B \Rightarrow C$ 또는 ~A

$\sim D \Rightarrow A$ 이고 ~C

$D \Rightarrow A$

 그런데요?

 여기서 다음 네모 안을 자세히 봅시다.

$A \Rightarrow B$

$B \Rightarrow C$ 또는 $\sim A$

$\boxed{\begin{array}{l} \sim D \Rightarrow A \\ D \Rightarrow A \end{array}}$ 이고 $\sim C$

국이 범인이든 아니든 대가 범인이지요? 그러므로 대는 무조건 범인입니다. 이제 대는 범인이므로 세 번째 문장에서 $\sim A$는 지워도 됩니다. $\sim D \Rightarrow \sim C$ 의 대우는 $C \Rightarrow D$이니까 세 번째 문장은 $C \Rightarrow D$가 됩니다. 그러므로 다음과 같이 되지요.

$A \Rightarrow B$

$B \Rightarrow C$

$C \Rightarrow D$

$D \Rightarrow A$

즉, 대가 범인이면 한이 범인이고 한이 범인이면 민이 범인이고 민이 범인이면 국이 범인이고 국이 범인이면 대가 범인이 되지요. 처음에 대가 범인임을 알아냈으므로 결국 한이, 민이, 국이도 범인이 되지요. 즉, 모두 범인입니다.

 정말 명쾌한 판결이군요. 수학, 아니 대우의 힘이 이렇게 큰

줄 처음 알았어요. 그럼 증인의 분석대로 모든 사람을 범인으로 판결합니다. 이상으로 재판을 마치도록 하겠습니다.

재판이 끝난 후, 4형제는 모두 구속되었다. 그리고 김대우 과장은 수학 수사 연구소의 자문위원으로 일하게 되었다.

 명제의 부정

명제 p, q에 대하여 'p또는 q'의 부정은 '$\sim p$ 이고 $\sim q$' 이고, 'p 이고 q'의 부정은 '$\sim p$ 또는 $\sim q$' 이다. 여기서 $\sim p$는 명제 p의 부정을 말한다.

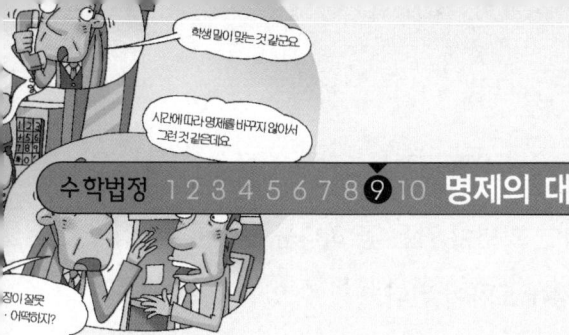

희안한 대우 명제

'아이들은 야단맞지 않으면 공부를 안 한다' 의 올바른 대우명제는 무엇일까요?

이단군은 매우 엉뚱한 학생이었다. 모든 일에 딴 죽을 걸지 않고 그냥 조용히 넘어가는 일이 없었기에 별명이 딴지 대마왕이었다. 그래서 대부분의 친구들은 단군이 앞에서는 말을 하기 꺼려했다.

"단군아, 우리 점심시간에 축구하러 가지 않을래?"

"뭐? 축구? 이렇게 더운 날 어째서 축구를 해야 하지? 그런데 축구가 참 바보 같은 짓이라고 생각하지 않니?"

"뭐? 어째서 축구가 바보 같은 짓이야? 몸도 건강해지고 정신도 건강해지는 스포츠지!"

"정신도 건강해진다고? 과연 22명이 작은 공 하나를 쫓아서 이리저리 뛰어다니는 게 정신 건강에 도움이 된다고 할 수 있을까?"

"뭐라고? 축구를 너같이 생각하는 애는 아마 우리 공화국에 단 한 명도 없을 거야!"

단군이가 그 얘기를 듣고 빙그레 웃었다.

'그래, 나 같은 천재는 당연히 우리 공화국엔 한 명도 없지. 어째서 아이들은 의문을 가지지 않을까? 자신들이 왜 공부해야 하는지도 모른 채 그저 학교와 집에서 공부하라니까 공부할 뿐이지! 축구도 그래, 애들이 그냥 우르르 축구하자니까 축구하러 나가는 거지. 왜 축구를 하는지, 축구가 나에게 어떠한 도움을 주는지는 생각해 보지도 않으니……'

그날 오후 학급회의 시간이었다.

"내일 1박 2일로 야영 가는 건 다들 알고 있지? 우리가 야영 가서 오락 시간에 할 놀이를 정해야 하는데 지금부터 다들 의견을 내 주었으면 좋겠어."

"수건 돌리기 어때?"

"보물 찾기는?"

"밀가루 속에 사탕을 넣고 찾아 먹는 놀이를 하면 재미있을 것 같아."

그때 단군이가 벌떡 일어섰다.

"반장, 그리고 우리 반 아이들아. 모두 한번 생각해 봐. 수건 돌리기는 그냥 수건을 친구 등 뒤에 몰래 가져다 놓고 수건이 등 뒤에 있으면 들고 뛰는 게임이야. 왜 우리가 그렇게 해야 하지? 술래가 수건을 놓지 않는 척하면서 수건을 놓아야 하니까 친구들 사이에 신뢰만 깨질 뿐이야. 그리고 밀가루 속에 사탕을 애써 숨긴 뒤에 왜 다시 찾아야 하지? 그럼 얼굴에 밀가루가 묻잖아. 사탕을 먹으려면 그냥 사탕만 두고 먹으면 되지, 왜 숨겨서 일을 번거롭게 하는 거야?"

순간 반 아이들이 조용해졌다.

"그럼 단군이 넌 어떤 놀이를 추천하니?"

"난 모두가 신문을 가져 와서 오락 시간 동안 다 같이 신문을 읽었으면 좋겠어. 그럼 시사, 경제 등 많은 지식을 머릿속에 담을 수 있잖아. 우리는 살면서 자신에게 도움이 되는 유용한 것을 해야 한다고."

"엑, 뭐라고? 신문?"

아이들은 싫어하는 기색이 역력했다. 회의를 지켜보고 있던 선생님은 빙그레 미소를 지으며 앞으로 나오셨다.

"그래, 물론 야영을 하거나 오락 시간에 재미있는 놀이를 해도 상관은 없겠지. 하지만 올해만큼은 단군이 말처럼 신문을 보는 것도 뜻 깊은 야영이 될 것 같은데, 그렇지 않니? 신문을 보고 거기에 대해 같이 토론하는 것도 재미있는 놀이가 될 수 있어요."

선생님의 조언을 들은 후 반장은 한숨을 쉬며 말했다.

"그럼 이번 야영 오락 시간에는 '신문 읽기와 토론'을 할 테니 각자 읽을 신문을 준비해 오도록 해."

이단군은 반장의 얘기를 듣고는 미소를 띠었다. 하지만 반 아이들은 울상이었다.

다음날 야영 오락 시간, 다른 반 아이들은 보물 찾기니 짝짓기 게임이니 해서 온종일 뛰어다녔지만, 단군이네 반 아이들은 모두 둘러앉아서 조용히 신문을 읽고 있었다. 옆반을 부러운 듯이 쳐다보는 아이, 꾸벅꾸벅 조는 아이도 있었지만 대부분이 신문에 열중하고 있었다.

그때 신문을 읽고 있던 단군이의 눈이 번쩍하고 빛이 났다.

수학자 존 켈슨이 하나의 명제가 참이면 그 대우 명제도 참이라고 주장했다.

예를 들어 'a가 양수이면 $a+a$도 양수이다'의 대우는 '$a+a$가 양수가 아니면 a도 양수가 아니다'인데 둘 다 참이라는 주장을 펼쳐 많은 사람들의 호평을 받았다.

단군이는 이 기사를 읽더니 갑자기 벌떡 일어나서 달리기 시작했다. 아이들은 모두 놀라서 단군이를 쳐다봤다. 단군이는 급히 공중전화로 뛰어가서 신문사에 전화를 했다.

"안녕하세요, 전 방금 수학자 존 켈슨의 기사를 본 사람입니다만, 이건 말이 안 됩니다."

"아니, 왜 그게 말이 안 되죠?"

"그럼 제가 반례를 들어 보겠습니다.

'아이들은 야단맞지 않으면 공부를 안 한다' 의 대우는 '공부하면 야단맞는다'

이게 말이 됩니까? 얼른 존 켈슨의 주장이 잘못되었다고 발표해 주시기 바랍니다."

듣고 보니 단군이의 반례가 그럴듯해 보였는지 신문사에서도 긍정적인 반응을 보였다.

"알겠습니다. 지금 바로 발표하겠습니다."

며칠 뒤 단군이는 존 켈슨으로부터 명예 훼손죄로 고소를 당했다.

대우 명제를 만들 때 '공부하다'를 현재의 일로,
'야단맞다'를 과거의 일로하면 올바른 대우 명제가 됩니다.

**명제가 참이면
그 대우 명제는 항상 참일까요?**
수학법정에서 알아봅시다.

재판을 시작합니다. 먼저 피고 측 변론하
세요.

피고는 분명히 존 켈슨의 주장대로 주어
진 명제와 대우의 참·거짓을 체크했습니다. 즉, 명제 '아이
들은 야단맞지 않으면 공부를 안 한다'가 참이라면 대우 명제
인 '아이들은 공부하면 야단맞는다'도 참이어야 한다는 것입
니다. 그런데 판사님이 생각해도 이상하죠? 공부하면 야단맞
는다니 말입니다. 그러므로 존 켈슨 씨의 주장에 예외가 있다
고 말하고 싶습니다.

원고 측 변론하세요.

명제와 대우 명제의 참·거짓이 일치한다고 주장한 존 켈슨
씨를 증인으로 요청합니다.

금발 머리가 조명에 반짝이는 50대 남자가 증인석에
앉았다.

증인은 주어진 명제의 대우가 항상 주어진 명제와 참·거짓

이 일치한다고 했지요?

네, 그렇습니다. 예를 들어 명제 '아가씨는 여자이다'는 참입니다. 이 명제의 대우는 '여자가 아니면 아가씨가 아니다'인데 이것도 참입니다. 이렇게 주어진 명제와 대우 명제의 참·거짓은 일치합니다.

그럼 왜 이번 명제는 명제와 대우의 참·거짓이 일치하지 않는 거죠?

시간의 차이가 있기 때문입니다. 주어진 명제 '야단맞지 않으면 공부를 안 한다'에서 야단을 맞지 않는 것은 과거의 일이고 공부를 안 하는 것은 현재의 일이 됩니다. 하지만 '공부하면 야단맞는다'에서 공부하는 일은 과거의 일이고 야단맞은 것은 현재의 일이 되므로 완전히 대우 명제로 바뀌었다고 볼 수 없습니다. 그러므로 대우 명제를 만들 때 '공부하다'를 현재의 일로 '야단맞다'를 과거의 일로 하면 올바른 대우 명제가 됩니다. 즉, 다음과 같죠.

아이들이 지금 공부하는 건 야단맞았기 때문이다.

그러면 참·거짓이 일치하는 대우 명제가 됩니다.

허허. 그런 논리가 숨어 있었군요. 역시 존 켈슨 씨는 대우 명제의 귀재입니다. 그렇다면 원고의 제안대로 존 켈슨 씨의 논

리에는 아무 문제가 없다고 판결합니다.

재판이 끝난 후, 존 켈슨 씨는 대우 명제의 귀재로 통해 여기저기에 초대되었다. 그리고 사람들에게 하고 싶은 말을 대우 명제로 돌려 말하는 화술을 가르치게 되었다.

 대우 명제

명제 'a, b가 자연수일 때 ab가 짝수이면 a, b중 적어도 하나는 짝수이다'를 조사하자. 대우 명제는 'a, b가 자연수일 때 a, b모두 짝수가 아니면 ab가 홀수이다' 이다. 짝수가 아닌 수는 홀수이고 임의의 두 홀수의 곱은 홀수이므로 대우 명제는 참이다. 그러므로 주어진 명제도 참이다.

해피를 찾아라

퇴짜 할아버지가 제시한 카드 중에 어느 것을 뒤집어 봐야 할까요?

사건속으로

"엄마, 어제부터 해피가 안 보여. 해피가 어디 있
는지 알아요?"

"해피? 어제 저녁에 네가 산책 데리고 나가지 않
았니?"

"응, 분명 산책 다녀와서 해피 집에 넣어 줬는데……. 어딜 갔지?"

해피는 미나네 집의 귀염둥이 강아지이다. 남편이 멀리 이라크
로 파병을 떠나면서 가족에게 남긴 작은 선물이다.

'해피, 이 녀석. 어제 저녁에 내가 맛있는 스튜까지 끓여 줬는데.
어딜 간 거지?'

나는 문득 불안한 마음이 들었다. 요즘 마을에 강아지 도둑이 많다는 소문을 들은 기억이 났기 때문이다.

"미나야, 아직도 해피 안 보이니?"

"응, 엄마. 아직도 없어. 도대체 어딜 간 거지?"

"조금만 더 기다렸다가 경찰서에 연락하자꾸나."

그때 갑자기 전화벨이 울렸다.

따르릉~.

"네, 여보세요?"

"혹시 해피의 주인 되십니까?"

"네, 제가 해피 주인이에요. 누구세요? 혹시 우리 해피를 데리고 갔나요?"

"후후, 이거 눈치가 빠르십니다. 네, 제가 해피를 데리고 있습니다. 해피를 찾고 싶거든 큰 걸로 5장 지금 당장 준비해 주십시오."

"뭐라고요? 이봐요, 저희는……"

"큰 걸로 5장입니다. 댁 편지함에 넣어 두면 지금 제가 가져가겠습니다. 경찰에 신고하시면 어떻게 되는지 아시죠?"

띠띠띠……

그렇게 전화가 끊겼다. 미나는 한숨을 쉬며 지갑에서 돈을 꺼내 봉투에 넣었다.

"큰 걸로 5장이라고? 그럼 1000달란권 지폐보다 5000달란권 지폐가 더 크니까. 오호라, 5000달란을 넣어 두면 되겠구나."

미나는 서둘러 5000달란을 봉투에 넣어 편지함 속에 두었다. 과연 누가 빼 갈까 지켜보고 싶었지만 혹시나 해피에게 무슨 짓이라도 할까 싶어서 얼른 집으로 들어왔다. 20분 후 다시 전화벨이 울렸다.

"여보세요? 돈 받으셨죠? 그런데 왜 해피는 안 보내주시는 거예요?"

"이것 보세요! 아주머니, 지금 장난칩니까? 5000달란이면 제가 아줌마 집까지 오는 택시비도 안 돼요. 아시겠어요? 큰 것 5장입니다. 마지막 기회입니다. 그렇지 않으면 내일 저녁 식사 메뉴는 보신탕입니다. 아시겠어요?"

미나는 전화를 끊고 나자 어이가 없었다.

'처음부터 확실히 말할 것이지, 왜 큰 것 5장이라고 해서 계속 사람을 헷갈리게 하는 거야?'

미나는 어떻게 돈을 마련해야 할지 몰랐다.

'이를 어쩌면 좋지, 이를 어쩌면……'

마침 텔레비전에서 추석 특집 영화 '퇴짜'가 방송되고 있었다.

"그래! 나도 퇴짜가 되는 거야! 후후, 큰 것 5장? 잘만 되면 이거 큰 것 50장도 가능하겠는걸! 호호."

미나는 집에 있는 돈을 몽땅 긁어서 가방에 넣고 집을 나섰다. 영화 '퇴짜'에서 퇴짜들이 비닐하우스로 모이는 장면이 생각났다.

'그래! 비닐하우스로 가는 거야! 그러면 사람들이 모여 있겠지?'

미나는 택시를 타고 아무 곳이나 가장 먼저 보이는 비닐하우스 앞에 세워 달라고 했다. 택시기사 아저씨는 의아해 하는 눈빛으로 미나를 비닐하우스 앞에 내려 주었다. 미나는 서둘러 비닐하우스 문을 열고 들어갔다. 그런데 비닐하우스 안에 있는 것은 딸기뿐이었다. 얼른 옆 비닐하우스로 옮겼다. 이번에는 고추뿐이었다.

"도대체 사람들은 어디 있냐고!"

미나는 소리쳤다. 미나의 고함소리를 들은 아낙네들이 몰려들었다.

"아니, 아줌마! 남의 집 비닐하우스에서 지금 뭐 하는 거예요?"

미나는 그 소리에 놀라서 후다닥 도망쳤다. 한참을 도망치다 보니 큰 나무 아래 정자에 할아버지 몇 분이 앉아 놀고 계셨다.

'오호라, 왠지 저 할아버지들이 뭔가를 아실 것 같은데?'

"할아버지, 여기 혹시 '퇴짜'들이 모여 있는 곳이 어딘지 아세요?"

"퇴짜? 흐흐. 이봐요, 우리가 퇴짜라오."

미나는 눈이 번쩍 떠졌다.

'해피야, 이 엄마가 간다. 기다려라. 우히힛.'

"할아버지들, 저랑 내기 하나 하세요. 제가 들고 있는 이 돈을 모두 다 걸겠습니다."

미나는 주섬주섬 가져온 돈 전부를 보였다. 할아버지들은 그 돈을 보며 웃었다.

"10달란짜리만 어디서 잔뜩 긁어 왔구먼. 후후, 알았소. 그럼 아주머니, 이 문제를 맞춰 보시오. 당신이 이기면 내가 당신 돈의 2배를 드리겠소."

'2배? 아싸! 이게 25000달란이니까 50000달란이네! 큰 것 5장이라고 했으니까 50000달란이면 해피를 충분히 구할 수 있겠군. 호호.'

"네, 문제를 내보세요."

"여기 $4, 9, P, A$가 쓰인 4장의 카드가 있소. 카드의 한쪽 면에는 숫자, 다른 쪽 면에는 알파벳이 적혀 있소. 그런데 카드의 한쪽 면에 홀수가 쓰여 있으면 다른 쪽 면에는 반드시 자음이 쓰여 있어야 합니다. 이 명제가 참인지 밝히기 위해서 어떤 카드를 뒤집어 보면 될 것 같소?"

미나는 한참을 생각한 끝에 대답을 했다.

"9가 쓰여 있는 카드 같은데요? 9는 홀수니까 뒤집어서 자음이 있는지 확인해 봐야 하잖아요. 호호. 맞죠? 얼른 2배로 주세요."

"틀렸소, 우리가 당신 10달란 짜리를 전부 가지겠소."

"뭐라고요? 이 할아버지들, 알고 봤더니 노인 사기단이잖아! 정답을 말했는데도 무조건 틀렸다고 하는 것 아냐? 당장 수학법정에 고소하겠어! 해피야, 기다려~."

미나는 할아버지들이 자신을 속이고 있다고 생각하여 수학법정에 할아버지들을 고소하였다.

명제와 대우 명제의 참 · 거짓이 일치하므로
명제가 어려울 때에는 대우 명제를 생각해보면 됩니다.

여기는 **수학법정**

**과연 어떤 카드를
뒤집어 보아야 할까요?**
수학법정에서 알아봅시다.

 재판을 시작합니다. 먼저 원고 측 변론하

세요.

 주어진 카드는 4, 9, P, A가 쓰인 4장입니

다. 카드의 한쪽 면에 홀수가 쓰여 있으면 다른 쪽 면에는 반

드시 자음이 쓰여 있어야 한다고 하니 당연히 홀수가 쓰여 있

는 9번 카드만 뒤집어 보면 되잖아요? 그런데 뭐가 이상하다

는 거죠?

 뭔가 다른 게 있는 거 같은데……. 아무튼 피고 측 변론하세요.

 카드 연구소 소장 디지버 박사를 증인으로 요청합니다.

머리를 뒤집어 말아 올린 40대 남자가 증인석에 앉았다.

 증인이 하는 일이 뭐죠?

 카드와 관련된 모든 수학 문제를 연구합니다.

 그럼 이번 문제에서는 어느 카드를 뒤집어야 합니까?

 9와 A입니다.

 A는 왜 뒤집어 보는 거죠?

물론 9는 홀수이므로 9번 카드를 뒤집어 자음이 있는지를 확인해야 합니다. 하지만 우리는 주어진 명제와 대우 명제의 참·거짓이 일치한다고 배웠기 때문에 A라고 쓴 카드도 확인해야 한다는 것을 알고 있습니다.

따라서 주어진 명제를 다시 쓰면 다음과 같습니다.

카드의 한쪽 면에 홀수가 쓰여 있으면 다른 쪽 면에는 자음이 쓰여 있어야 한다.

그리고 이 명제의 대우 명제는 다음과 같습니다.

카드의 한쪽 면에 모음이 써져 있으면 다른 쪽 면에는 짝수가 쓰여 있어야 한다.

그러므로 모음이 쓰여져 있는 카드도 뒤집어 짝수인지를 확인해 보아야 합니다.

명쾌하군요. 지난번 재판에 이어 또 다시 대우 명제와 관련된 사건이었군요. 이번 사건에 대해 원고 측의 주장을 기각합니다. 이상으로 재판을 마치도록 하겠습니다.

재판이 끝난 후, 미나는 슬픈 마음에 눈물을 참을 수 없었다. 하

지만 좋은 소식도 있었다. 경찰이 해피 유괴범을 잡아 해피가 무사히 집으로 돌아왔기 때문이다.

 역, 이, 대우

명제 $p \to q$에서 역은 $q \to p$, 이는 $\sim p \to \sim q$, 대우는 $\sim q \to \sim p$이다. 이때 명제 $p \to q$의 참 · 거짓은 대우 $\sim q \to \sim p$의 참 · 거짓과 항상 일치한다.

이상한 삼단 논법

아가씨도 여자이고, 아줌마도 여자이면, 아가씨는 아줌마일까요?

"야호! 즐거운 토요일이다!"

"와우~. 난 토요일만 되면 참 설레는 거 있지?"

최강총각이와 영웅혼남이는 토요일만 되면 모여서 무엇을 하고 놀지 의논하고 정신없이 시간을 보내는 신세대 젊은이들 중 한 명이었다.

"야, 오늘은 무엇을 하면서 이 젊음을 불 태워 볼래? 볼링이나 치러 갈까?"

"볼링? 오호라. 그거 좋다! 너 볼링 잘 치냐?"

"당연하지! 나는 일직선 코스로 가기 때문에 가운데만 뻥 뚫리긴

하지만 점수는 잘 나와."

"그래? 어디 총각이의 실력을 좀 볼까? 가자!"

총각이와 혼남이는 볼링을 치기로 하고 근처 볼링장으로 향하던 중 길 한쪽에서 와장창 하고 큰소리가 들렸다. 동시에 그쪽으로 눈을 돌려 보니 꽃집 앞에서 부부가 싸우고 있었다.

"저 사람이 이긴다고 해서 내가 저 사람한테 걸었잖아! 내가 이 따위 취급받고 살아야겠어? 이게 무슨 내기야! 억지나 쓰고! 못살아 정말!"

"이 아줌마가 왜 이래! 남편이 억지 좀 쓰면 어디가 덧나? 별거 아닌 것 가지고 왜 이렇게 예민하게 대들어! 나보다 저 볼링 선수가 더 멋있다며! 아주 데이트 신청을 하시지, 왜 여기 붙어 있어! 당장 나가!"

"흥! 나가라면 못 나갈 줄 알아?! 돈 내놔! 내기에서 졌으니깐 돈을 줘야지! 돈 주기 전에는 절대 안 나가! 흥흥!"

보아하니 부인이 볼링 선수가 잘생겼다고 해서 남편이 질투를 하는 것 같았다. 총각이는 그 볼링 선수가 얼마나 잘생겼는지 보려고 꽃을 사는 척하며 텔레비전에 나오고 있는 볼링 선수를 보러 들어갔다. 하지만 볼링 선수는 개교 콘서트의 목동자같이 생긴 사람이었다. 총각이는 어이가 없어서 아주머니에게 아저씨가 훨씬 인물이 나은데 왜 그랬는지 물었다. 아주머니는 그가 얼굴은 비록 목동자같이 생겼지만 볼링을 정말 잘 쳐서 마치 정덩건처럼 잘생

겨 보인다고 말했다. 총각이와 혼남이는 도저히 그 말을 이해 할

수가 없었다.

"원래 남자란 능력이 있어야 해. 뭔가 잘하는 게 있으면 얼굴보

다는 그 모습에 반하게 되지. 하지만 내 남편은 성질도 더럽고 잘

하는 것도 없어. 게다가 내기에 져 놓고선 돈까지 안 주니 내가 이

렇게 싸우지! 내가 못참아!"

"거참! 손님들 앞에서 못하는 소리가 없네! 목동자 같은 저 선수

한테 데이트 신청이나 하러 가!"

부부싸움을 구경하고 있던 총각이와 혼남이는 볼링을 치기로 한

사실을 깜빡 잊고 있었다.

"아, 맞다! 우리 볼링 치러 가기로 했지?!"

"그래. 남의 집 일에는 간섭하지 말고 볼링이나 치러 가자! 야

호! 재밌겠다."

"하하. 사랑 싸움일 뿐이잖아."

총각이와 혼남이는 볼링장에 도착했다. 그곳은 선수들의 촬영으

로 분주했다.

"죄송합니다. 오늘은 장사를 안합니다. 지금 볼링 선수권 대회가

있어서 개인은 이용하실 수가 없습니다. 이 점 양해 바랍니다. 구

경은 얼마든지 됩니다만, 들어 가셔서 게임을 하실 수는 없습니다.

게임을 즐기시고 싶으신 분들은 다음에 오세요!"

"컥, 뭐야! 무작정 기다리란 말이야? 근데 선수들이 잘 치긴 잘

치네."

한 선수가 멋지게 스핀을 넣고는 볼링공을 회전시켰다. 공은 불꽃이 튀듯 빠른 속력으로 핀에 돌진했다. 꽝 하는 소리와 함께 핀이 단숨에 전부 넘어졌다. 와~ 하는 함성소리와 함께 환호와 박수를 받은 선수의 얼굴이 겨우 보였다.

"엇! 저 사람 아까 그 목동자 아니야?! 여기서 촬영하고 있었구나. 아주머니께 말씀드려 볼까? 재미있는 일이 벌어질 것 같아. 하하하."

"와, 진짜다! 근데 괜히 부부 사이 갈라놓을 필요 있어? 거기는 신경 쓰지 말고 구경이나 하자! 근데 저 사람들과 한번 붙어보고 싶어."

"넌 가운데만 뻥 뚫는 게 특기인데 이길 수 있겠어?"

"그래도 난 파워가 있으니까 왠지 이길 수 있을 것 같아!"

그리하여 총각이는 관계자와 이야기를 하러 갔다.

"누구시죠? 여긴 아무나 들어오는 곳이 아닙니다. 얼른 나가주세요!"

"아무나요? 저는 아무나가 아닙니다. 저는 볼링의 천재 최강총각입니다. 혹시 못 들어 보셨나요? 아시는 분들은 다 아시는데."

"전혀 못 들어 봤는데요. 선수권 대회는 출장 자격이 나름대로 까다롭기 때문에 절차를 밟으셔야 합니다. 이렇게 갑자기 오시면 안 됩니다."

"아, 그러면 제가 치는 걸 한번만 보세요. 그러면 생각을 바꾸실 수 있을 겁니다. 제가 볼링은 참 잘 치거든요. 쩝쩝."

볼링 선수권 대회 관계자들은 하는 수 없이 총각이의 실력을 봐 주기로 했다. 총각이는 마음을 가다듬고 있는 힘을 다해 공을 굴렸다. 공은 불꽃을 튀며 질주를 하더니 가운데 핀을 부수고 그 파편이 양옆의 핀을 차례로 넘어뜨렸다.

"스트~라이~크!"

"와우! 정말 잘하네. 좋아요. 내 특권으로 학생을 대회에 참가시키겠어요!"

"감사합니다!"

이렇게 하여 총각이는 선수권 대회에 참가하게 되었다. 총각이는 핀을 부수며 선두를 달리고 있었다. 결승전에서 총각이는 멋있는 목동자와 만났다. 긴장을 많이 한 총각이는 그만 실수를 해서 스트라이크를 하지 못했다. 하지만 노련한 목동자는 단방에 스트라이크를 성공해 냈다. 승부욕이 강한 총각이는 기분이 상했다.

"졌다! 에이, 강가나 좀 걷자. 이길 수 있었는데. 아욱!"

"하하. 그래도 선수들 사이에서 2등을 한 거면 대단한 거야. 이 참에 선수로 활약을 좀 해보는 건 어때? 텔레비전에도 나오고 정말 잘했어. 좀 무식하긴 했지만."

"선수는 무슨! 나는 그딴 건 관심 없어. 에이, 오늘은 기분이 꿀꿀한 관계로 너희 누나랑 강가에서 불꽃놀이나 하자. 시집이 누나 잘 있지?"

"잘 있지. 누나한테 전화해 볼게."

그렇게 하여 시집이 누나와 누나의 친구, 총각이, 혼남이는 강가에서 불꽃놀이를 하게 되었다. 불꽃을 하나 터트리면서 총각이와 혼남이는 누나의 친구와 인사를 했다.

"안녕하세요? 잘 지내셨죠? 어? 옆에 계시는 아줌마는 누구죠? 히히."

"야, 내 친구한테 그렇게 말하면 안 되지! 얼른 사과해."

"아우, 정말 기분 나쁘네. 내가 어딜 봐서 아줌마 같아 보여요?"

"아이고, 미안합니다. 근데 아가씨도 아줌마 아닌가요? 아가씨도 여자고 아줌마도 여자니깐 삼단 논법에 의해 아가씨는 아줌마 맞잖아요? 똑같은 여잔데 뭘 그렇게 호들갑을 떨어요?"

"뭐 이런 애가 다 있어? 명예 훼손죄로 널 법정에 고소하겠어."

"애는 뭐 그런 걸 가지고 고소까지 해. 그냥 네가 참아."

"내가 왜 참아? 뭐? 아가씨가 아줌마라고? 너를 수학법정에 고소할 거야."

시집이 누나의 친구는 삼단 논법을 이상하게 사용하는 혼남이를 수학법정에 고소하였다.

삼단 논법이란 세 개의 명제 p, q, r이 있을 때 p이면 q이고 q이면 r이라면 p이면 r이다도 성립하는 것을 말합니다.

여기는 **수학법정**

아가씨도 여자이고,
아줌마도 여자이면,
아가씨는 아줌마일까요?
수학법정에서 알아봅시다.

재판을 시작합니다. 먼저 피고 측 변론하세요.

삼단 논법! 이거 정말 아름다운 논리지요.
이번 사건에서 아가씨는 여자이고 아줌마도 여자이므로 '아가씨＝아줌마'의 관계가 성립하는 것은 삼단 논법에 의해 맞습니다. 그러므로 피고는 아무 책임이 없다고 봅니다.

원고 측 변론하세요.

삼단 연구소의 트리플 박사를 증인으로 요청합니다.

역삼각형 모양의 얼굴을 한 다소 깐깐해 보이는 30대 남자가 증인석에 앉았다.

증인이 하는 일은 뭐죠?

삼단 논법 연구입니다.

그게 뭐죠?

세 개의 명제 p, q, r이 있을 때 p이면 q이고 q이면 r이라면 p이면 r이다도 성립하는 것을 말합니다.

 그럼 이번 '아가씨=아줌마'의 논리는 어떻게 된 거죠?

 삼단 논법이 성립하지 않습니다. 다음과 같이 명제를 나눠 보죠.

p:어떤 사람이 아가씨이다.

q:어떤 사람이 여자이다.

r:어떤 사람이 아줌마이다.

그럼 '아가씨는 여자이다'는 p이면 q이다이고 '아줌마는 여자이다'는 r이면 q이다입니다. 그런데 p이면 q이고 r이면 q이다라는 명제로부터 p이면 r이다라는 명제는 나올 수 없으므로 이 경우 삼단 논법이 잘못 적용된 것입니다. 이런 식이라면 '바보는 사람이고 천재도 사람이므로 바보는 천재다'라는 말도 성립하게 되는 것이지요. 그러므로 삼단 논법을 잘못 적용해서 생긴 해프닝으로 볼 수 있습니다.

 삼단논법

삼단 논법은 '$p \rightarrow q$가 참이고 $q \rightarrow r$이 참이면 $p \rightarrow r$도 참이다.'이다. 이때 p, q, r을 만족하는 집합을 각각 P, Q, R이라고 하면 $p \rightarrow q$가 참이고 $q \rightarrow r$이 참이므로 $P \subset Q$, $Q \subset R$이다. 따라서 $P \subset R$이므로 $p \rightarrow r$도 참이다.

그렇군요. 사람들이 뭔가를 배우면 잘 알고 사용해야 이런 해프닝이 안 생기겠지요. 아무튼 증인의 말대로 이번 사건은 삼단 논법의 잘못된 적용으로 생긴 해프닝이므로 피고는 원고에게 정중하게 사과할 것을 판결합니다. 이상으로 재판을 마치도록 하겠습니다.

수학성적 끌어올리기

명제

참·거짓을 구별할 수 있는 문장이나 식을 명제라고 합니다. 'p 이면 q이다' 꼴의 명제를 '$p \Rightarrow q$'로 나타내고 이때 p를 가정, q를 결론이라고 합니다.

'한국은 2002 월드컵 4강 팀이다'는 명제일까요? 한국은 16강 전에서 이탈리아를 2:1로 이기고 8강전에서 스페인을 승부차기로 이겨 4강에 진출했지요? 그러니까 이 문장은 참입니다. 이렇게 참 인지 알 수 있는 문장을 명제라고 합니다.

그럼 이제 거짓인 명제의 예를 들어 볼까요? '한국은 1998 월드 컵 4강 팀이다'는 거짓이지요? 이렇게 거짓이라는 걸 알 수 있는 문장도 명제입니다. 그럼 종합해 볼까요? 참과 거짓이 확실하게 구별되는 문장이 바로 명제입니다.

'10000은 큰 수이다'는 명제일까요? 수가 크다, 작다는 것은 상 대적이지요? 어떤 상황에서 10000은 큰 수가 되고 또 어떤 상황에 서는 작은 수가 될 수 있습니다. 콘서트에 모인 관객 10000명은 큰 수라고 할 수 있지만 세계 인구에 비하면 10000명은 작은 수입니 다. 이렇게 상황에 따라 달라지는 문장은 명제가 아닙니다.

명제의 참 · 거짓과 판별법

명제 $p \rightarrow q$에 대해 가정을 만족하는 집합을 P, 결론을 만족하는 집합을 Q라 할 때 P가 Q의 부분집합이면 명제 $p \rightarrow q$는 참이고 $p \Rightarrow q$(명제 $p \rightarrow q$가 참이면 화살표 모양이 바뀌어집니다.)로 표현하며 그렇지 않으면 이 명제는 거짓입니다.

예를 들어 명제 '4의 배수이면 2의 배수이다'를 봅시다. 4의 배수, 2의 배수의 집합을 각각 P, Q라고 하면 $P = \{4, 8, 12, \cdots\}$, $Q = \{2, 4, 6, 8, \cdots \}$이고 $P \subset Q$이므로 명제 '4의 배수이면 2의 배수이다'는 참입니다.

그렇다면 명제 '$x^2 = 1$이면 $x = 1$이다'는 참일까요? $x^2 = 1$을 만족하는 x는 ± 1의 두 가지가 있지요? 둘 중 $x = -1$이면 명제 $x^2 = 1 \rightarrow x = 1$이 성립하지 않으니까 이 명제는 거짓입니다.

다음 명제를 봅시다.

실수 x, y에 대해 $xy > 0$이면 $|x+y| = |x| + |y|$이다.

여기서 $|x|$는 x의 절댓값이라고 부르는데 수직선 위의 원점에서 점 x까지의 거리를 말합니다. 간단히 말하자면 어떤 수에서 부호를 떼는 것을 말합니다. 예를 들어, $|3|$은 원점에서 3까지의 거리이므로 3, $|-5|$는 원점에서 -5까지의 거리이므로 5가 되어 $|3|=3$, $|-5|=5$와 같이 계산됩니다.

절댓값은 항상 양수 또는 0이지요.

절댓값은 원점으로부터의 거리를 뜻하지요.

그렇다면 이 명제는 참일까요? 거짓일까요? 곱해서 양수인 경우는 (양수)×(양수), (음수)×(음수)의 두 가지이므로 $xy>0$이면 $x>0, y>0$ 또는 $x<0, y<0$입니다. 이제 두 경우를 모두 확인해봅시다.

먼저 $x>0, y>0$일 때 $|x+y|=|x|+|y|$는 당연히 성립합니다.

이제 $x<0, y<0$일 때 성립하는지를 봅시다. 음수일 때는 양수로 바꿔서 생각해 보면 $x=-X, y=-Y$이므로 $X, Y>0$이 되어

$$|x+y|=|-X-Y|=|-(X+Y)|=|X+Y|$$
$$=|X|+|Y|=|-x|+|-y|=|x|+|y|$$

이 성립합니다. 그러므로 주어진 명제는 참입니다.

명제의 거짓을 판별할 때, 성립하지 않는 예를 드는 경우에 이것을 반례라고 부릅니다. 반례가 하나라도 발견되면 그 명제는 거짓입니다. 예를 들어 다음 명제를 봅시다.

모든 실수 x에 대하여 $x^2>0$이다.

얼핏 보면 참인 명제 같지만 거짓입니다. 왜냐하면 명제에서 '모

든 실수'라고 했는데 0도 실수이므로 $x=0$이면 $0^2=0$이니까 $x^2>0$ 를 만족하지 않습니다. 그러니까 모든 실수에 대해 성립하는 게 아니지요. 그래서 이 명제는 거짓입니다.

난 제곱해도 항상 0이 된다는 걸 잊지 마세요.

나보다 크거나 같은 수는 제곱하면 항상 0보다 커요.

다른 명제를 봅시다.

x, y가 실수일 때 $x>y$이면 $\frac{1}{x}<\frac{1}{y}$이다.

쉽게 반례를 찾을 수 있습니다. 예를 들어 $x=1$, $y=-1$이면 $x>y$입니다. 그런데 $\frac{1}{x}=1$, $\frac{1}{y}=-1$이니까 $\frac{1}{x}<\frac{1}{y}$은 거짓이 되지요. 그러니까 주어진 명제는 거짓입니다.

명제의 부정

명제 p에 대해 'p가 아니다'라는 명제를 p의 부정이라 하고 $\sim p$로 씁니다. 예를 들어, 명제 '6은 3의 배수이다'의 부정은 '6은 3의 배수가 아니다'입니다. 즉, 명제의 부정은 부정문을 만드는 과정이지요. 명제 '2는 4의 약수이다'의 부정은 '2는 4의 약수가 아니다'입니다. 그러니까 주어진 명제가 참이면 부정은 거짓이고 명제가 거짓이면 부정은 참이 됩니다.

수학성적 끌어올리기

부정의 부정

명제의 부정의 부정은 어떻게 될까요? 다음 명제를 봅시다.

여학생은 여자이다.

이 명제는 참이지요. 그러면 이 명제의 부정은 다음과 같습니다.

여학생은 여자가 아니다.

이 명제는 거짓입니다. 다시 이 명제의 부정은 다음과 같습니다.

여학생은 여자가 아니지 않다.

'아니지 않다' 라는 것은 '그렇다' 라는 뜻이므로 이 문장은 다음
과 같습니다

여학생은 여자이다.

그러므로 어떤 명제의 부정의 부정은 원래의 명제와 같습니다.

조건이 있는 명제

다음 명제를 봅시다.

어떤 수가 4의 배수이면 그 수는 2의 배수이다.

이 명제는 참일까요? 거짓일까요?

4의 배수는 4, 8, 12, 16, … 이고 2의 배수는 2, 4, 6, 8, 10, 12, 14, 16, … 입니다. 4의 배수의 집합은 2의 배수의 집합에 포함되므로 어떤 수가 4의 배수의 집합의 원소이면 이 원소는 바로 2의 집합의 원소가 됩니다. 그러므로 이 명제는 참입니다. 이 명제에서 '어떤 수가 4의 배수이면'을 조건이라고 하고 '그 수는 2의 배수이다'를 결론이라고 부릅니다.

대우 명제

결론을 부정하여 조건으로 하고, 조건을 부정하여 결론으로 만들어 봅시다. 이 명제를 대우 명제라고 하는데 다음과 같습니다.

어떤 수가 2의 배수가 아니면 그 수는 4의 배수가 아니다.

이 명제는 참일까요? 거짓일까요?

2의 배수가 아닌 수들은 1, 3, 5, 7, ⋯ 이고 4의 배수가 아닌 수들은 1, 2, 3, 5, 6, 7, 9, 10, 11, 13, ⋯ 이므로 2의 배수가 아닌 수들은 모두 4의 배수가 아닌 수들입니다. 그러므로 이 명제 역시 참이죠. 즉, 주어진 명제가 참이면 대우 명제도 참이고 주어진 명제가 거짓이면 대우 명제도 거짓이 됩니다.

제3장

논리에 관한 사건

비둘기집의 원리 – 생일 문제

표 만들기 ① – 할리우드의 캐스팅 비화

표 만들기 ② – 금구슬의 행방은?

모순 – 괴상한 이발 의무법

표를 이용한 분석 – 바둑대회의 결과

논리 – 뮤직 콘서트홀의 깐깐한 규칙

생일 문제

비둘기집보다 비둘기의 수가 많으면 어떻게 되나요?

노총각 씨는 과학공화국 평화 초등학교에 새로 교사 발령이 난 20대 노총각이다. 20대가 왜 노총각이냐고? 후후, 그가 20대라서 노총각이라는 게 아니라 이름이 노총각이기 때문에 그런 놀림을 받으며 살아온 것이다.

과학공화국의 인기 라디오 프로그램인 '강설 · 김해영의 벙글벙글 쇼'에서는 일반인을 초대해 인터뷰하는 코너가 있다. 강설 씨와 김해영 씨는 20년째 이 프로그램을 진행한 베테랑 MC로 같은 시간대에 다른 방송국의 프로그램을 제치고 항상 청취율 1위를 달리고 있었다.

"이름이 뭐죠?"

강설이 물었다.

"노총각인데요."

노총각이 대답했다.

"이름을 말해 주셔야죠."

김해영 씨가 거들었다. 그러자 노총각 씨는 자신의 이름을 연거 푸 이야기했다. 하지만 그의 이름이 노총각인 것을 강설과 김해영 씨가 어찌 알았으리요. 결국 작가가 노총각이 이름이라는 종이를 라디오 부스에 밀어 넣고 나서야 강설은 신기한 듯 입을 열었다.

"아, 이름이 노총각이군요? 후후, 이름 때문에 생긴 에피소드가 많겠어요."

"에피소드요? 한두 가지가 아니었습니다. 며칠 전에 제가 선을 보게 되었습니다. 여자 분에게 소개를 하는데 제가 '안녕하세요, 전 노총각입니다' 이러니까 그 분이 수줍게 웃더군요. 제 말을 농담으 로 착각하신 줄 알고 다시 말했죠. '전 노총각이라니깐요' 다시 한 번 말하니 상대방 여자 분께서 '호호, 그럼 저는 노처녀예요' 이러 는 겁니다. 그래서 제가 기가 막혀서 다시 말했죠. '아뇨, 전 진짜 노총각이라니깐요. 노총각이에요, 제가 노총각이라고요!' 그러자 갑자기 상대방 여자 분이 자리에서 벌떡 일어나시더니 말씀하시는 겁니다. '꼭 그렇게 노총각인 것을 저한테 강조할 필요가 있나요? 선 자리 나오기 싫으신데 억지로 나오셨나 보네요. 그럼 계속 노총각 신세로 지내세요' 이러곤 나가 버리는 겁니다. 제 맘에 쏙 드는 여자여서 뒤따라 뛰어갔지만 이미 택시를 타고 가버렸더군요. 휴……."

"아, 그런 슬픈 에피소드가 있었군요. 그럼 또 다른 황당하거나 재미있는 에피소드는 없었나요?"

김해영이 질문했다.

"후후, 제가 이번에 평화 초등학교에 교사로 발령을 받았습니다. 그런데 제가 우리 반 녀석들에게 '선생님 이름은 노총각이야' 라고 말했더니 아이들이 집에 가서 엄마에게 담임이 노총각이라고 했나 봅니다. 그 뒤부터 학부모들이 중매를 서겠다고 난리여서 정말 황당하기 그지없습니다."

노총각은 한숨을 푹 쉬며 말했다. 강설과 김해영은 웃음을 참느라 정신이 없었다. 잠시 광고가 나가는 동안 강설과 김해영은 노총각의 이름을 떠올리며 큰 소리로 웃었다. 그리고 다시 PD의 큐 사인이 들어왔다.

"선은 많이 보셨나요?"

김해영이 웃음을 참으며 물었다.

"네, 그렇죠. 하하."

"그런데 노총각 씨는 이번에 평화 초등학교에 교사 발령까지 나셨으면 만사형통 일이 잘 풀리고 있다는 거 아닌가요?"

강설이 김해영에게 웃지 말라고 쿡쿡 찌르며 노총각에게 물었다.

"아, 제가 이번에 교사로 첫 발령을 받아서 물어볼 말이 상당히 많답니다. 수업 시간에 들어가면 아이들이 수업을 받을 자세가 전혀 안 되어 있습니다. 그저 저를 한번 힐끗 보고 다시 떠든답니다. 아이들을 조용히시켜서 제자리에 앉히는 데 10분이 걸립니다. 그럼 정규 수업 시간의 4분의 1을 그냥 날리게 됩니다. 이럴 땐 도대체 어떡해야 합니까?"

"노총각 선생님, 아이들이 선생님을 무서워하고 있다고 생각합니까?"

"전혀 아닙니다. 아이들은 저를 우습게 여기는 것 같습니다."

"네! 그것이 바로 노총각 선생님의 문제인 것 같습니다. 그렇다면 어떻게 해결해야 하냐고요? 간단하죠! 노총각 선생님이 아이들에게 무서운 인상을 심어 주는 겁니다. 터프한 모습을 보여 주세요. 나무 막대를 가지고 가서 힘을 줘서 부러뜨리기도 하고 조례 시간에 벽돌 격파도 하세요. 그럼 아이들이 노총각 선생님의 얼굴만 봐도 슬슬 겁을 낼 겁니다."

"과연 그럴까요? 벽돌 격파라……. 알겠습니다. 그리고 질문이 하나 더 있습니다. 수업 시간에 계속 방귀가 나오려고 합니다. 어떻게 해야 합니까? 솔직히 방귀는 생리 현상이기 때문에 살짝 뀌어도 되는 것 아닙니까?"

"절대 안 됩니다. 학생들 앞에서 방귀를 뀌면 우스운 사람이 되고 맙니다. 최대한 참아야 합니다."

"아니, 저도 당연히 최대한 참으려고 하죠. 하지만 도저히 못 참을 땐 어떻게 해야 합니까?"

"정말 못 참겠으면 창문을 향해 방귀를 뀌십시오."

강설이 자신 있게 말했다.

"아니, 그럼 소리는 어떡합니까?"

노총각이 고개를 갸우뚱거리며 물었다.

"소리요? 아, 그럼 방귀 소리를 감추기 위해서 큰소리를 지르며 창문 쪽으로 방귀를 뀌십시오."

"큰소리를 지르며 창문을 향해 방귀를 뀐다? 하하, 그것 참 좋은 생각입니다. 역시 강설 씨입니다. 그런데 말이죠, 정말 큰 고민이 하나 있습니다."

"무엇입니까? 우리는 어떠한 고민이든 다 해결해 드립니다."

"우리 반 아이들 50명의 생일을 통계적으로 분석한 결과, 50명의 학생 수를 가진 반이라면 다음과 같은 사실이 성립한다는 것을 알아냈습니다.

·5명 이상의 생일이 있는 달이 반드시 있다.
·8명 이상의 생일이 있는 요일이 반드시 있다.

그래서 저는 학생수가 50명인 다른 반의 경우도 조사해 보았죠. 모두 이 법칙을 따르는 것이었습니다. 그래서 이 연구를 수학 교사

 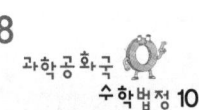

세미나에서 발표하려고 했지만 수학 주임선생님이 우연히 그런 성질이 있는 걸 갖고 일반화시키지 말라고 하는 거예요. 저는 이것이 우연히 성립한 것인지 아니면 제가 발견한 법칙이 50명의 학생 수를 가진 모든 반에 적용되는 것인지를 알고 싶어 이 프로그램에 문의하게 되었습니다."

노총각은 진지한 표정으로 자신의 고민을 애기했다. 강설과 김해영은 자신들의 수학 실력으로는 이 문제를 방송에서 해결할 수 없다고 하였다. 그래서 노총각의 법칙이 일반적인 법칙인지 아닌지를 수학법정에 의뢰하였다.

'비둘기집의 원리'란 비둘기가 비둘기집보다 더 많을 때 이들 비둘기가 모두 비둘기집에 들어간다면 2마리 이상의 비둘기가 같이 있는 비둘기 집이 적어도 하나 존재하는 것을 말합니다.

노총각 씨의 법칙은 옳을까요?
수학법정에서 알아봅시다.

재판을 시작합니다. 먼저 수치 변호사 의
견을 말해 주세요.

모든 학생들의 생일이 같을 수도 있고 모
두 다를 수도 있습니다. 일 년은 365일이고 학생들의 생일은
이 중 하루이므로 학생들의 생일이 노총각 씨의 법칙을 따르
지 않을 수도 있다고 생각합니다. 그러므로 노총각 씨의 법칙
은 우연히 그 학교에서만 성립한 경우이므로 수학 교사 세미
나에서 발표할 만한 내용은 아니라고 생각합니다.

매쓰 변호사 의견을 말해 주세요.

논리 연구소의 김논리 박사를 증인으로 요청합니다.

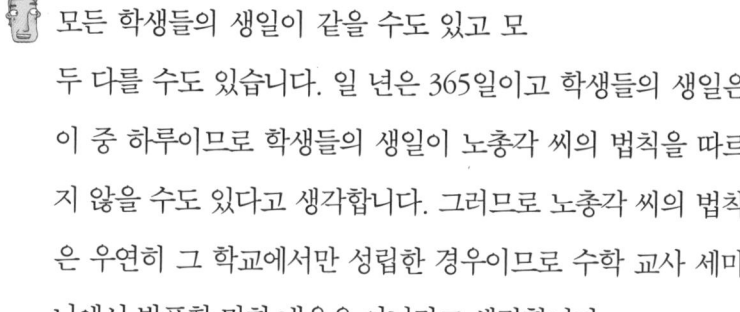

검은색 머리가 윤이 나는 30대 남자가 증인석에 앉
았다.

이번 사건에 대해 어떻게 생각하십니까?

이건 비둘기집의 원리 때문에 항상 성립하는 법칙입니다.

비둘기집의 원리가 뭐죠?

수학자 디리클레가 발견한 거죠. 다음과 같이 정리할 수 있어요.

비둘기가 비둘기집보다 더 많을 때 이들 비둘기가 모두 비둘기집에 들어간다면 2마리 이상의 비둘기가 같이 있는 비둘기집이 적어도 하나 존재한다.

 그럼 노총각 씨의 법칙은 왜 항상 성립하는 거죠?

 첫 번째 경우를 보죠. 1년은 12달이고 한 달에 4명씩 골고루 채워도 $4 \times 12 = 48$입니다. 50명은 48보다 2명 많으니까 나머지 2명은 4명이 생일인 달에 들어가야 합니다. 그러므로 생일이 5명 이상 있는 달이 반드시 생기게 됩니다.

 그렇군요. 그럼 두 번째 법칙은요?

 요일의 종류는 7가지입니다. 50명의 생일을 7개의 요일에 골고루 나누어도 $7 \times 7 = 49$이니까 1명은 7명씩 들어 있는 요일에 들어가야 합니다. 그러므로 8명 이상의 생일이 있는 요일이 반드시 있어야 합니다.

 놀라운 수학입니다. 노총각 씨의 법칙은 학생 수가 50명인 모든 반에 적용이 된다는 것을 확인할 수 있게 되었습니다. 그러므로 노총각 씨의 연구는 수학 교사 세미나에서 발표되어야 한다고 생각합니다. 이상으로 재판을 마치도록 하겠습니다.

재판이 끝난 후, 노총각 씨는 자신의 연구 내용과 비둘기집의 원리에 대한 강연을 수학 교사 세미나에서 발표하게 되었고 많은 수학 교사들에게 그해 최고의 수학 연구로 평가되었다.

 비둘기집의 원리

n이 m보다 클 때, n마리의 비둘기가 m개의 비둘기집에 들어가 있다면 두 마리 이상의 비둘기가 들어가 있는 비둘기집이 적어도 하나 존재한다는 원리를 비둘기집의 원리라고 한다. 이 원리는 독일의 수학자 디리클레에 의해 1834년에 발표되었다.

할리우드의 캐스팅 비화

기자는 거짓말로 가득한 대화만 듣고서 어떻게 정확한 배역을 알아냈을까요?

사건속으로

할리우드 연예계는 긴장된 설렘으로 가득 차 있었다. 이번에 데즈니 영화사에서 '인어 이야기'를 영화로 제작하는데 누가 어떤 역을 맡을지 궁금했기 때문이다. '인어 이야기' 제작에 어마어마한 비용을 투입하기 때문에 대히트는 따 놓은 당상이라는 소문이 돌았다. 하지만 데즈니 영화사에서는 아직까지 배우를 공표하지 않았다. 그렇기 때문에 많은 연예인들이 그 영화에 출연하고 싶어서 하루가 멀다 하고 데즈니 영화사를 찾았다. 엑스트라 역은 대부분 정해졌으나 인어1, 인어2, 세바스찬, 악당 이렇게 네 가지 역은 아직 정해지지 않았다.

남녀 상관없이 가능한 역이었고 인어1의 비중이 역에서 가장 크기 때문에 모두들 인어1 역을 가장 탐내고 있었다.

어느 날 브래도 피토가 데즈니 영화사를 찾았다.

"안녕하세요? 말안 해도 아시겠지만 저는 브래도 피토입니다. 후후, 이번에 데즈니 영화사에서 '인어 이야기'를 제작한다는 말을 듣고 이렇게 귀한 발걸음으로 직접 찾아 왔습니다. 저같이 대단한 사람을 인어1로 써 보시는 건 어떻습니까? 후후."

데즈니 영화사 대표 이데즈니는 건방진 브래도 피토의 태도에 기분이 나빴다.

"어머, 브래도 피토 씨. 브래도 피토 씨는 인어1 역에는 어울리실 것 같지 않아요. 브래도 피토 씨처럼 대단한 사람이 어떻게 저희 영화에 출연하시겠어요?"

"후후, 꼭 그렇지도 않습니다. 제가 이 영화를 빛내기 위해서 한 번 출연해 보도록 하죠."

"그렇다면 브래도 피토 씨 앞의 어항에 물고기 보이시죠? 인어1 역은 물고기와도 교감이 통해야 할 만큼 바다 속 연기가 많은 편이에요. 이 어항 속 물고기는 신기하게도 사람 말을 잘 알아듣는답니다. 브래도 피토 씨가 저 물고기를 꼬리로 걷게 할 수 있다면 저희가 바로 역할을 드리죠."

"아, 사람 말을 잘 알아듣는 물고기라고요? 그렇다면 일이 쉽겠네요. 제가 데리고 가서 교육을 시켜 오죠. 저희 집에 있는 강아지도 제 말을 무척 잘 듣는 답니다. 감히 누구 말이라고 안 듣겠어요? 천하의 브래도 피토의 말인데. 후후."

그렇게 브래도 피토는 어항을 들고 사무실 밖으로 나갔다.

"하하, 사람 말을 알아듣는 물고기가 어디 있어? 흥, 실컷 교육시켜 보라지. 꼬리로 걸어다닐 수 있나!"

브래도 피토가 사무실을 떠난 지 10분도 안 되어 갑자기 사무실 문이 벌컥 열렸다.

"혹시 당신이 이데즈니 대표입니까?"

"그렇습니다만……."

"저는 홍콩에서 날아온 성용입니다. 제 쌍절곤 솜씨를 보십시오."

갑자기 성용은 쌍절곤을 휘두르기 시작했다. 그렇게 정신없이 쌍절곤을 휘두르다가 그만 쌍절곤으로 이데즈니의 콧잔등을 치고 말았다.

"아이고, 아야!"

"어이쿠, 죄송합니다. 혹시 쌍절곤 휘두르는 인어는 필요 없습니까?"

"뭐라고요? 필요 없으니까 당장 나가요!!"

이데즈니는 성용을 사무실 문 밖으로 떠밀고는 시름에 잠겼다.

"이봐, 송 실장! 어서 빨리 배우를 정해야겠어. 이러다가 내가 제명에 못 살겠어. 어디 명단 좀 가지고 와 봐."

"네, 사장님. 여기 명단이 있습니다. 명단에 있는 사람들 모두가 '인어 이야기'에 출연하기를 희망하는 배우들입니다."

이데즈니는 명단을 뒤적거리며 고민하기 시작했다.

"휴, 도대체 인어1, 2, 세바스찬, 악당 역에 누구를 써야 하는 거지? 그래! 정우상, 원빈, 한예솔, 나무늬 중에서 고르는 게 좋겠어. 그렇게 네 명이 우리 공화국에서 연기를 제일 잘하잖아? 그럼 누구에게 무슨 역을 주는 게 좋을까? 그래, 결정했어."

이데즈니는 각 배우에게 알맞은 역을 정한 뒤에 송 실장을 불렀다.

"송 실장, 내가 인어1, 2 그리고 세바스찬과 악당 역에 정우상, 원빈, 한예솔, 나무늬 이 네 명의 배우를 배역에 알맞게 정했네. 하지만 절대 비밀이 새어 나가선 안 되네. 서둘러 이 네 명의 배우를 부르고 영화가 개봉할 때까지는 절대 비밀로 하도록 하게. 그래야 모두가 놀랄 거야, 알겠나?"

"사장님, 비밀로 하기엔 기자들의 코가 장난이 아닙니다. 그들은 개코입니다."

"그럼 어떻게 하는 것이 좋겠는가?"

"차라리 우리가 먼저 치고 들어가는 것이 좋을 것 같아요. 신문사의 기자들을 불러놓고 모르는 척 사장님과 제가 거짓 대화를 나누는 겁니다. 그럼 그들은 진실을 알 수 없을 테죠?"

"오, 송 실장. 그거 정말 좋은 생각이군. 호호, 당장 부르세."

기자들을 부른 후에, 그들은 거짓 대화를 나누었다.

송 실장과 이데즈니가 주고 받은 잡담 내용은 다음과 같았다.

- 정우상은 인어1 이거나 인어2 역이야
- 인어1 역은 원빈이나 한예솔이야
- 원빈은 인어2 역이거나 세바스찬 역 중 하나야

그런데 어느 기자가 그들의 잡담을 듣더니 웃으며 사무실을 떠나 갔다.

"흥, 거짓 잡담을 하는지 누가 모를 줄 알고?"

그 기자는 거짓말을 통해 인어1 역이 누군지 밝혀낸 뒤, 영화가 개봉하기 전 기사를 터뜨려 버렸다. 그러자 화가 난 이데즈니는 송 실장을 불렀다.

"아니, 거짓 대화를 듣고 간 기자가 어떻게 우리 계획을 알아차리고 기사를 낸 거지?"

"글쎄요, 저도 잘……."

"송 실장, 어떻게 된 일인지 알아 봐! 그렇지 않다면 일을 이렇게 만든 당신도 기자와 함께 고소해 버리겠어!"

이데즈니 씨는 송 실장과 기자를 수학법정에 고소하였다.

내용이 복잡하여 여러 단계의 파악이 필요할 때에는
표를 이용하여 논리적으로 따져보면 답을 구할 수 있습니다.

누가 인어1, 2의 배역일까요?
수학법정에서 알아봅시다.

재판을 시작합니다. 먼저 수치 변호사가
의견을 말하세요.

기자들이 거짓말로 한 이야기를 듣고 '인
어 이야기'의 배역을 알아냈다는 것은 말이 안 됩니다. 거짓말
이란 논리가 없는 것입니다. 그런데 어떻게 거짓말로 나눈 대
화를 통해 논리적으로 정확하게 배역을 알아맞힌다는 건지.
나 원 참…… 정말 말도 안 되는 사건입니다.

그럼 매쓰 변호사 변론하세요.

표 논리 연구소의 이표 박사를 증인으로 요청합니다.

얼굴에 미소를 띤 30대 남자가 증인석에 앉았다.

누가 인어1, 인어2, 세바스찬, 악당의 배역을 맡았는지 거짓말
을 통해 알 수 있나요?

말한 내용이 거짓말이라는 것이 확실하다면 알 수 있습니다.

어떻게 그렇죠?

이런 문제는 표를 이용하여 논리적으로 따져보면 답을 구할

수 있습니다. 각 배역의 이름을 첫 글자로 표시하여 표를 만들어 보기로 하지요. '정우상은 인어1이나 인어2 역이야' 가 거짓이니까 정우상은 세바스찬이나 악당입니다. 이것을 표로 나타내면 다음과 같죠.

정우상	원빈	한예솔	나무늬
세, 악			

'인어1은 원빈이나 한예솔이야' 가 거짓이니까 원빈과 한예솔은 인어1이 아닙니다. 이것을 표로 나타내면 다음과 같습니다. 여기서 ~는 '아니다' 를 나타내는 기호입니다.

정우상	원빈	한예솔	나무늬
세, 악	~인어1	~인어1	

'원빈은 인어2나 세바스찬 역이야' 가 거짓이니까 원빈은 인어1이거나 악당입니다. 이것을 표로 나타내면 다음과 같지요.

정우상	원빈	한예솔	나무늬
세, 악	~인어1, 인어1, 악	~인어1	

앞의 표를 보면 원뷘이 인어1이면서 동시에 인어1이 아닌 경우는 없으므로 원뷘은 악당이 됩니다. 그러므로 정우상은 세바스찬이 되지요. 그리고 한예솔은 인어1이 아니고 악당도 세바스찬도 아니므로 인어2가 됩니다. 그러므로 인어1은 나무늬가 되지요.

정말 명쾌하군요. 표를 이용하니까 완벽하게 정리가 됐군요. 결국 기자들을 불러 거짓 대화를 주고받은 이데즈니와 송 실장이 자기 꾀에 자신이 속아 넘어갔군요. 기자들은 지금 증인이 밝혔듯이 표를 이용하여 진실을 찾아냈으므로 아무 책임이 없다고 판결합니다. 이상으로 재판을 마치도록 하겠습니다.

재판이 끝난 후, 이데즈니와 송 실장은 더 이상 얼굴을 들고 다닐 수 없는 처지가 되었다. 그리고 다시는 이런 거짓 대화 작전을 사용하지 않았다.

 연역법

일반적인 법칙으로부터 특정한 명제가 성립한다는 것을 보이는 증명을 연역법이라고 한다. 예를 들어 '모든 사람은 죽는다' 라는 일반 법칙으로부터 '특정한 사람은 죽는다' 라는 참인 명제를 연역적으로 이끌어 낼 수 있다.

금구슬의 행방은?

용의자 세 명의 진술 중 오직 하나만 참인 경우에 어떻게 범인을 알아낼까요?

사건속으로

"엄마, 학교에 가기 싫어요."

어느 날 아들의 투정 섞인 말에 미나는 가슴이 철렁 내려앉았다.

"준호야, 왜 학교 가기 싫다는 거니?"

"엄마, 이번에 학년이 올라가면서 나랑 친했던 애들이랑 뿔뿔이 흩어지는 바람에 반에서 친구가 없어. 그래서 학교 가면 심심해."

"애는, 학교에 놀러 가니? 공부하러 가지! 얼른 준비하고 학교 가!"

미나는 준호에게 말은 이렇게 했지만 속이 타들어 가는 심정이었다.

'어떡하지? 친구가 없어서 학교에 가기 싫다니. 설마 우리 준호

가 왕따? 반 아이들이 다 짜고 준호를 괴롭히는 거 아냐?'

미나의 머릿속에는 많은 생각들이 떠올랐다.

'설마 반 아이들이 준호 실내화를 숨겨 놓거나, 쉬는 시간에 교문 밖으로 과자 사오라고 심부름을 시키는 건 아니겠지? 이를 어째.'

걱정이 된 미나는 당장 '준호 친구 만들기' 프로젝트를 계획했다.

'그래, 친구 만드는 데는 뭐니 뭐니 해도 먹을거리가 최고지! 우리 어렸을 때를 생각해 봐. 그저 떡볶이 하나 사준다고 하면 싫은 애 뒤꽁무니도 졸졸 쫓아갔잖아? 호호.'

미나는 부랴부랴 치킨, 햄버거, 감자튀김, 콜라 등을 잔뜩 사들고 학교로 갔다.

"어머, 준호 담임 선생님이세요? 호호, 안녕하세요? 저는 준호 엄마예요. 요즘 아이들이 학교에서 공부하는 게 덥고 힘들 것 같아서 이렇게 간식을 좀 마련해 왔답니다. 호호."

"어머니, 학교 규칙상 이러시면 곤란합니다."

"선생님, 이렇게 사왔는데 제가 도로 들고 돌아가야 하나요? 호호, 한 번만 부탁드릴게요."

"정 그러시다면 준호 어머님이 사왔다는 소리는 하지 않고 아이들에게 나눠주겠습니다. 특정 학부모께서 간식을 준비하셨다는 이야기가 학교에 돌면 다른 학부모님들도 부담스러워 할 뿐더러 학교 측에 저도 혼이 납니다."

"아니, 준호가 친구들한테 한 턱 쏜다는 걸 친구들이 모르면 제가

왜 음식을 사 왔겠어요? 흥! 당장 다시 들고 돌아가겠어요."

미나는 홧김에 음식을 다시 가지고 돌아간다고 말해 버렸다. 35인분의 햄버거를 들고 다시 돌아갈 생각을 하니 벌써 식은땀이 났다. 이렇게 미나의 '준호 친구 만들기' 첫 번째 전략은 실패로 돌아갔다.

'준호 친구 만들기' 두 번째 전략! 미나는 준호가 정말 재미있고 좋은 아이라는 것을 준호네 반에 알려야만 했다.

'그런데 어떻게 알리지? 아, 초록 어머니회에 들어가야겠다. 매일 아침마다 횡단보도에 서서 아이들을 지도한다고 했지? 호호, 그걸 하면서 준호의 좋은 점을 애들한테 말해주는 거야.'

미나는 그날 저녁 바로 초록 어머니회에 전화를 해서 가입을 했다. 그리고 다음날 아침 일찍 학교 앞 횡단보도로 나갔다.

"애들아, 이 아주머니가 '자, 여러분 건너세요' 하면 건너는 거야, 알겠지?"

"네~."

"아이고, 귀여워라. 그런데 너희는 몇 학년이니? 키가 크네."

"저희들은 5학년 3반이에요."

'뭐? 5학년 3반? 그럼 우리 준호 반이잖아! 아싸! 작전 개시야.'

"애, 너 혹시 준호 아니? 5학년 3반이라고 들었는데."

"아, 황준호요? 알아요. 그런데 왜요?"

"준호가 그렇게 재미있고 밝고 활기차고 공부도 잘하고 똑똑한 아이라며? 호호."

"네? 아니에요, 아주머니! 준호는 정말 무뚝뚝하고 재미없고 조용한 아이예요. 진짜 재미없는 아이인데……."

'뭐? 준호가 재미없어? 에잇!'

미나는 순간 마음이 울컥하면서 화가 치솟았다. 그래서 자신도 모르게 주먹을 쥐고 아이의 꿀밤을 때리고 말았다.

"아얏, 아줌마 갑자기 왜 때리세요?"

미나는 아무런 대꾸도 하지 않고 그 자리에서 그냥 집으로 돌아와 버렸다. 두 번째 작전도 실패였다.

미나는 곰곰이 생각했다. 도대체 어떻게 해야 준호의 친구들이 많이 생길까? 순간 기막힌 생각이 하나 떠올랐다.

'준호 친구 만들기' 세 번째 전략은 바로 '파티에 초대하라!' 였다.

미나는 당장 준호네 반 학부모들에게 전화를 돌렸다.

"안녕하세요, 저는 준호 엄마예요. 준호가 댁의 아이와 같은 반이라 전화 드렸어요. 호호. 오늘 저녁 저희 집에서 파티를 열려고 하는데 아이랑 같이 오세요. 정말 재미있을 겁니다. 맛있는 것도 정말 많이 준비했어요. 호호."

저녁 7시가 되었다. 그런데 그 날 밤 파티에는 오직 한 명만 왔다. 미나는 이 사실을 알고 실망을 금치 못했다. 미나는 안방으로 들어가 침대에 그냥 누워 버렸다. 그런데 문득 손님들에게 뽐내기 위해 금, 은, 구리구슬을 넣어둔 통을 거실에 두고 온 게 생각이 났다. 당장 거실로 달려가니 세상에, 금구슬이 없는 게 아닌가! 미나는 당장 화가 나서 소리를 질렀다.

"누가 여기 있는 구슬을 꺼내 봤어요?"

미나는 다급하게 누가 구슬을 꺼내 봤는지 물어봤다. 경비 아저씨, 요리사, 그리고 준호 친구 이렇게 3명이었다.

"어떤 순서로 구슬을 꺼내 봤죠? 누가 먼저 꺼내 봤냐고요!"

"아, 그냥 한번 구경해 보려고 했는데……. 하여튼 제가 가장 먼저 꺼내 봤고, 그 다음 요리사 그리고 마지막으로 준호 친구입니다."

경비 아저씨가 대답했다.

미나는 도저히 범인을 찾을 수가 없어서 당장 거짓말 탐지기를 가져오라고 시켰다.

그러자 세 사람의 답변은

· 경비 아저씨 : 나는 금구슬을 뽑지 않았어요.

· 요리사 : 나는 은구슬을 뽑지 않았어요.

· 준호 친구 : 나는 은구슬을 뽑았어요.

그런데 경찰의 실수로 세 사람의 거짓말 탐지기 결과가 사라지고 세 진술 중 오직 하나만이 참이라는 것만 알게 되었다. 그래서 세 사람에게 다시 거짓말 탐지기에 응할 것을 요청했으나 세 사람은 모두 거부했다. 결국 이 문제는 수학법정으로 넘어가게 되었다.

여러 명제 중 한 가지 명제가 참이라는 것을 알고 있다면 각 명제가 참일 경우에 모순이 없는지만 판단하면 됩니다.

누구의 말이 참일까요?
수학법정에서 알아봅시다.

재판을 시작합니다. 먼저 수치 변호사 변론하세요.

이건 공권력에 대한 심각한 도전입니다.

갑자기 무슨 말이죠?

용의자는 모두 거짓말 탐지기에 응할 의무가 있다는 거죠. 한 번 했으니 다시 못 하겠다고 하는 건 공권력에 대한 도전 아닙니까?

하지만 결과를 분실한 경찰에게도 책임이 있지요.

그러니 한 번 더 하면 되는 거 아닙니까?

딴소리 그만 하고 변론하세요.

지금 변론 다 했는데요.

어이구, 매쓰 변호사 의견을 말하세요.

논리학과 교수인 왕논리 교수를 증인으로 요청합니다.

배에 왕자가 새겨진 건장한 30대 남자가 증인석으로 들어왔다.

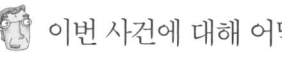 이번 사건에 대해 어떻게 생각하시죠?

한 사람의 진술만 참이라는 사실로부터 금구슬을 가지고 간
사람을 알아낼 수 있습니다.

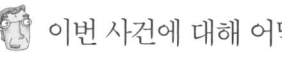 어떻게요?

간단합니다. 우선 세 명이 말한 경우를 명제로 써 봅시다.

> 1번 : ~금
> 2번 : ~은
> 3번 : 은

경비 아저씨의 말이 진실인 경우를 보면 요리사와 준호 친구
의 말은 거짓이므로 다음과 같은 명제가 됩니다.

> 1번 : ~금
> 2번 : 은
> 3번 : ~은

그러니까 첫 번째 구슬은 금이 아니죠? 그리고 2번이 은이니까
은도 아니죠? 그러므로 첫 번째 구슬은 구리입니다. 그리고 두
번째 구슬은 은이고 세 번째 구슬은 금이 되지요. 그러므로 금
구슬을 가진 사람은 준호 친구가 됩니다.

 다른 사람의 말이 진실일 수도 있잖아요?

 물론 확인을 해 봐야죠. 요리사의 말이 진실인 경우를 볼까
요? 그 땐 경비 아저씨와 준호 친구의 말이 거짓이니까 다음
과 같습니다.

1번 : 금

2번 : ~은

3번 : ~은

하지만 이것은 모순입니다.

 왜죠?

 1번이 금이니까 2번과 3번은 은이 아니면 구리잖아요? 그런
데 둘 다 은이 아니라고 하니까 말이 안 되지요.

 준호 친구의 말이 진실이면요?

 그때는 경비 아저씨와 요리사의 말이 거짓이므로 다음과 같
이 나타낼 수 있지요.

1번 : 금

2번 : 은

3번 : 은

그러나 이것 역시 모순이 되지요. 그러므로 경비 아저씨의 말만이 진실이고 다른 사람들의 말은 거짓입니다.

간단한 문제였군요. 그럼 이번 사건의 범인은 준호 친구로 판결하겠습니다. 하지만 아직 어린 학생이므로 반성문 10장을 쓰는 것으로 하고 용서할 것을 판결합니다. 이상으로 재판을 마치도록 하겠습니다.

재판이 끝난 후, 준호 친구는 준호 엄마에게 다시는 이런 짓을 하지 않겠다는 반성문을 썼다. 준호 엄마도 준호 친구의 잘못을 용서해 주었다.

 귀납법

연역법과는 반대로 개개의 사실로부터 일반적인 법칙을 이끌어 내는 것을 귀납법이라고 한다. '소크라테스는 죽었다' '뉴턴도 죽었다' '가우스도 죽었다'와 같은 개개의 참인 사실로부터 '모든 인간은 죽는다'라는 일반적인 법칙을 귀납적으로 이끌어 낼 수 있다.

괴상한 이발 의무법

이발사가 자기 머리를 깎을 수 없는 이유는 무엇일까요?

"휴, 우리 마을에 이발사라고는 나밖에 없는데도 왜 이렇게 미용실은 장사가 안 되는 거야? 사람들 이 머리카락을 안 자르나?"

미스터 빈은 텅 빈 미용실에 앉아 중얼거렸다. 며칠째 도통 손님 이 없자 미스터 빈은 속이 타서 죽을 지경이었다.

그때 마침 미용실 문이 열렸다. 손님을 본 미스터 빈의 얼굴은 순식간에 환해졌다.

"어서 오십시오. 미스터 빈 미용실입니다."

"안녕하세요? 저, 혹시 서방신기 아세요? 걔들처럼 머리를 자르고 싶어서 그런데……."

"서방신기요? 물론 잘 알죠. 저 미스터 빈만 믿으십시오."

미스터 빈은 손님의 머리를 정성스레 자르기 시작했고, 이내 손님은 코를 골며 잠을 잤다. 머리를 다 자른 후, 미스터 빈이 손님을 흔들어 깨웠다.

"손님, 다 잘랐습니다. 이제 일어나세요. 정말 피곤하셨나 보네요."

손님이 눈을 뜨고 거울에 비친 자신의 머리를 확인하더니, 갑자기 미스터 빈에게 소리를 마구 지르기 시작했다.

"아니, 제가 서방신기 머리로 잘라 달라고 했지, 언제 깍두기 머리로 해 달라고 했어요? 제가 조폭이에요? 군대 가냐고요!"

"아니, 손님. 서방신기면 그 군대 드라마에 나오는 연예인 아닙니까?"

"뭐라고요? 서방신기는 가수예요. 이 아저씨는 정말 제대로 알지도 못하면서! 안 되겠어요. 이 머리론 도저히 돈 못 줘요. 아시겠어요? 오늘 저녁에 미팅이 있어서 멋있게 하고 가려고 했더니!!"

손님은 돈도 치르지 않은 채 미용실 문을 걷어차고 나가버렸다. 미스터 빈은 화가 나서 어쩔 줄 몰랐다. 하필 이때 또 다른 손님이 들어왔다. 미스터 빈은 가까스로 화를 숨기며 손님에게 다가갔다.

"어서 오십시오. 손님, 어떻게 해 드릴까요?"

"저기, 혹시 다리 털이랑 겨드랑이 털도 깎아 주나요? 집에서 다듬으려니 워낙 귀찮아서……."

그 손님은 겉으로 보기에도 털이 아주 많아 보이는 털북숭이 아저씨였다. 미스터 빈은 기가 차서 소리를 질렀다.

"당장 나가! 미용실이 머리카락 잘라 주는 곳이지, 겨드랑이 털 다듬는 곳인 줄 알아? 당장 나가!"

미스터 빈은 손님을 그렇게 내보낸 뒤에 곰곰이 생각에 잠겼다. 그러더니 갑자기 벌떡 일어나 미용실 문을 잠그고 마을회관으로 뛰어갔다.

"저기 마을 관리님, 혹시 저랑 오늘 점심 한 끼 가능합니까? 제가 시원한 콩국수 한 그릇 사겠습니다."

"콩국수요? 아, 좋죠."

그렇게 미스터 빈과 마을 관리는 콩국수를 먹으러 식당에 갔다.

"마을 관리님, 우리 마을이 작은 건 아시죠? 제가 이 작은 마을에서 미용실을 하나 운영하고 있습니다."

"아, 미스터 빈이 미용실을 운영하는 건 우리 마을 사람들도 모두 알죠. 호호, 그런데 왜 갑자기 그런 말을?"

"네, 저희 미용실에 라이벌이 있는 것도 아닌데 요즘 들어 통 손님이 없습니다. 이러다가는 이 마을에 하나 있는 미용실마저 문을 닫을 지경입니다. 저희 미용실이 문을 닫으면 다른 마을에서 우리 마을로 놀러 온 사람들이 마을에 무슨 미용실도 없냐며 깜짝 놀라지 않겠습니까?"

"듣고 보니 그렇군요. 무슨 뾰족한 수가 있나요?"

"그러니까 그게. 쏙닥쏙닥……."

미스터 빈은 자신의 계략을 마을 관리에게 털어 놨다.

"아니, 아무리 그래도 어떻게 그걸 법으로 정할 수가 있겠소?"

"관리님, 여기 작지만 제 정성입니다."

미스터 빈은 준비해 온 빵을 꺼냈다.

"마을 관리님이 이 빵을 굉장히 좋아하신다고 들어서 일부러 이렇게 준비해 왔습니다."

"아니, 이건 우리 마을에서 정말 귀하다는 곰보빵 아니오? 알았소, 내 당신을 도와주리다. 당장 추진은 해보겠소만 내가 우리 마을을 위해서 이러는 거지, 절대 곰보빵 때문에 이러는 건 아니오."

다음 날 마을에는 '이발 의무법'이라는 이상한 법이 공표되었다.

모든 마을 사람은 스스로 이발해서는 안 되고 반드시 한 달에 한 번 이발사에게 가서 머리를 깎아야 한다.

이 법이 발효되자 미스터 빈은 너무나도 좋아서 어쩔 줄을 몰랐다.

'이제 미용실은 손님들로 터져 나가겠지? 히히, 스스로 이발을 해서도 안 되고 반드시 한 달에 한 번 나에게 와서 머리를 깎아야 한다? 히히, 이 법 정말 좋은걸. 이제 곧 손님들이 밀어 닥칠 테니까 나도 얼른 내 머리를 깔끔하게 손질해야겠군.'

미스터 빈은 혼자 거울을 보며 자신의 머리를 깎았다.

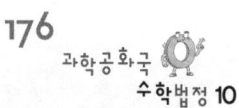

다음 날 경찰이 미스터 빈을 찾아 왔다.

"아, 경찰님도 오늘 머리 다듬으러 오셨습니까? 앉으세요."

"미스터 빈, 당신을 이발 의무법 위반으로 체포하겠소. 같이 법정으로 가시죠!"

"아니, 내가 이발 의무법을 위반하다니요? 내가 제일 좋아하는 게 이발 의무법인데 지금 무슨 소리를 하시는 겁니까?"

"어제 당신 스스로 이발을 하지 않았소? 누군가가 그것을 보고 신고를 했소. 잔말 말고 따라 오시오."

미스터 빈은 억울해 하며 수학법정에서 재판을 받게 되었다.

이발사가 이 마을에서 영업을 하는 한,
이발사 자신도 '마을 사람'이라는 집합의 원소입니다.

이발사는 이발 의무법을
위반했을까요?
수학법정에서 알아봅시다.

 재판을 시작합니다. 먼저 피고 측 변론하세요.

이발사는 단 한 명인데, 이발사의 머리는 누구
에게 깎으라는 겁니까? 모든 법에는 예외가
있습니다. 그러므로 이발 의무법은 이발사를 제외한 나머지
사람들에게만 적용되어야 한다는 게 저의 생각입니다.

원고 측 변론하세요.

법은 누구에게나 공평해야 합니다. 그러므로 이발사도 이발
의무법에서 자유로울 수 없습니다. 이 점을 증언해 줄 논리
교실의 김논리 씨를 증인으로 요청합니다.

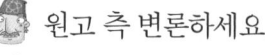

깔끔한 파란색 정장 차림의 30대 남자가 증인석에 앉았다.

 이번 사건에 대해 어떻게 생각하십니까?

 이발사가 법을 위반한 것이라고 생각합니다.

 수학법정이니만큼 수학적으로 설명해 주십시오.

 그러죠. 여기서는 집합과 원소를 생각해야 합니다. 우선 이발
의무법에서 모든 마을 사람들은 스스로 이발해서는 안 되고

반드시 한 달에 한 번 이발사에게 가서 머리를 깎아야 한다고 했습니다. 그런데 이발사가 이 마을에서 영업을 하는 한, 이발사 자신도 마을 사람이라는 집합의 원소입니다. 이발 의무법은 이 집합의 원소들이 공통으로 만족하는 성질이어야 하므로 이발사도 스스로 이발해서는 안 되고 한 달에 한 번 이발사에게 가서 머리를 깎아야 합니다.

 그럼 이발사는 누구에게 머리를 깎아야 하죠?

스스로 못 깎으니까 자신이 깎을 수는 없고 마을에 다른 이발사도 없으니까 마을에서 깎을 수 없습니다. 그러므로 이발사는 다른 마을의 이발사에게 머리를 깎아야합니다.

간단한 문제였네요. 앞으로는 법을 만들 때 좀 더 신중해야겠습니다. 이발사가 머리를 깎기 위해 다른 마을로 가야한다는 게 우스운 일이잖아요? 이상으로 재판을 마치도록 하겠습니다.

재판이 끝난 후, 이발 의무법은 다음과 같이 개정되었다.

이발사를 제외한 모든 마을 사람들은 스스로 이발해서는 안 되고 반드시 한 달에 한 번 이발사에게 가서 머리를 깎아야 한다.

 모순

모순이란 앞뒤가 맞지 않는 것을 말한다. 수학에서는 주어진 명제의 결론을 부정하여 주어진 가정과 조건에 모순이 생긴다는 것을 보임으로써 명제가 참이라는 것을 증명할 수 있는데 이런 증명법을 모순 제시법 또는 귀류법이라고 부른다.

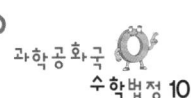

바둑대회의 결과

성적표를 잃어버린 동수는 어떻게 자신의 성적을 증명할 수 있을까요?

사건속으로

매년 과학공화국의 작은 도시 돌체에서는 규모가 큰 검둥알배 바둑대회가 개최된다. 바둑계에서 나름 유명하다는 바둑 기사들이 이 대회에 참가하기 위해 개최지인 돌체를 찾았다. 올해는 예년에 비해 유난히 많은 경쟁자가 몰렸다. 그 이유는 이번 우승자에게 세계대회에 공화국 대표로 나갈 수 있는 출전권과 더불어 100만 달란이라는 어마어마한 상금이 주어지기 때문이었다.

영재 고등학교를 다니는 해찬이도 이번 대회에 출전을 하였다. 해찬이는 초등학교 때부터 바둑을 좋아하는 아버지를 따라 바둑학원을 출입하면서 바둑을 배우게 되었다. 나름 오랜 기간의 경력을 가진 터라 해찬이 역시 우승을 노리고 있었다.

"해찬아, 이번 대회에서 일등하면 아빠가 고기 사줄게."

"정말요? 약속했어요. 꼭 일등 할게요."

고기라면 사족을 못 쓰는 해찬이는 다시 한 번 우승에 대한 마음을 굳게 다졌다.

"야, 우승하면 고기가 대수냐? 상금이 얼만데. 그깟 고기 100번도 더 먹겠다."

옆에서 형이 웃으면서 이야기하였다.

그때 방송이 울렸다.

"지금부터 조 추첨을 할 예정이니 참가자들께서는 모두 앞으로 나와 주시기 바랍니다."

"조 추첨하러 가야 돼요. 조 배정이 중요한데. 아, 떨려."

"엄마가 좋은 조에 걸리게 해 달라고 기도할게. 잘 하고 와."

조 추첨을 하기 위해 해찬이는 떨린 가슴을 안고 앞으로 천천히 나갔다.

대회 참가자들은 해찬이 또래의 고등학생들부터 머리가 희끗희끗한 할아버지까지 다양한 연령대였다.

"이해찬 3조!"

대회 관계자가 크게 외쳤다. 3조에는 네 명의 참가자가 배정되었는데 이들 중에 두 명만 본선에 올라가는 것이었다.

"야, 이해찬!"

허스키한 목소리의 누군가가 해찬이를 불렀다.

"어, 동수 아니니? 너도 참가했어?"

"응. 넌 몇 조냐?"

"3조."

"진짜? 나도 3조야. 허, 이것 참 희한한 인연이군. 우리 열심히 하자."

"그러게. 너도 열심히 해."

동수는 해찬이가 바둑을 시작할 때부터 같이 배웠던 학원 친구다. 실력이 막상막하였기 때문에 매년 대회를 할 때마다 해찬이는 동수에게 지고 싶지 않았다. 그들은 좋은 친구이자 경쟁자였다.

대회의 시작과 함께 하루하루 손에 땀을 쥐게 하는 경기가 며칠째 계속되었다. 해찬이는 지금까지 두 경기 중에서 한 경기는 지고 한 경기는 승리하였고, 동수는 두 경기 모두 승리하였다. 오늘따라 동수의 눈빛은 평소보다 더 비장해 보였다. 이번 경기가 중요하기 때문이었다. 하지만 결과는 해찬이의 승리로 끝났다. 동수는 해찬이에게 진 것이 분했지만 그래도 좋은 친구와 함께 본선에 올라갈 수 있어서 기뻤다.

"축하해, 같이 본선 행이네. 본선에서는 진짜 안 봐준다."

"하하, 누가 할 소릴. 각오해라, 이해찬."

"야, 본선 행이 결정됐으니까 확인하러 가 보자."

해찬이는 동수와 함께 본선 행을 확인하러 본부로 갔다.

"아저씨, 본선 진출자 확인하러 왔는데요."

"아, 그래요. 학생 둘 다 본선 진출인가? 대단하네. 자, 성적표 내세요. 확인해야 되니까."

"네, 여기 있어요."

해찬이는 성적표를 자신 있게 내밀었다.

"아이고, 학생은 2승 1패군. 그럼 이쪽 학생은?"

"어, 이상하다. 성적표가 어디 갔지? 여기 뒀는데."

이게 웬일인가? 동수의 성적표가 온데간데없이 사라진 것이다. 동수는 주머니며 가방이며 샅샅이 뒤졌지만 성적표를 찾지 못했다.

"아저씨, 저도 2승 1패예요."

"그걸 어떻게 믿지?"

옆에서 이 광경을 지켜보던 다른 출전자 두 명이 왔다.

"저는 1승 2패입니다."

"저도 1승 2패입니다."

그러자 본부에서는 성적표를 잃어버린 동수를 제외하고, 3등인 두 사람이 재대결을 하여 그 승자와 1등인 해찬이를 본선 진출자로 결정했다.

"아저씨 그런 게 어디 있어요. 2승 1패인 제가 진출해야죠. 아저씨 자꾸 그렇게 억지 부리시면 수학법정에 고소하겠어요."

그리하여 이 사건은 수학법정에서 다루어지게 되었다.

풀리그 방식에서는 이긴 사람이 있으면 진 사람도 있게 되므로 참가한 모든 선수들의 승점의 합은 항상 0이 되어야 합니다.

동수의 성적은 2승 1패일까요?
수학법정에서 알아봅시다.

🎩 재판을 시작합니다. 먼저 피고 측 변론하
세요.

🗿 성적표를 잃어버렸는지, 성적이 안 좋아
서 버린 건지 어떻게 압니까? 제 생각으로는 세 번 모두 지고
성적표를 버린 것 같은데, 그렇죠?

🗿 이의 있습니다. 지금 피고 측 변호사는 근거 없이 원고를 놀
리고 있습니다.

🎩 인정합니다. 피고 측 변호사 증거를 제시하세요.

🗿 그런 건 없죠. 단지 심증이지요.

🎩 어이구. 원고 측 변론하세요.

🗿 풀리그 연구소의 다부터 박사를 증인으로 요청합니다.

옷 매무새가 깔끔한 40대 남자가 증인석에 앉았다.

🎩 증인이 하는 일은 뭐죠?

🧑 풀리그 경기를 연구하고 있습니다.

🎩 그게 뭐죠?

경기 방식에는 각 조에 속한 선수들이 모두 한 번씩 시합하는 풀리그 방식과 한 번 지면 탈락하는 토너먼트 방식이 있습니다.

그럼 풀리그 방식에서 세 사람의 성적을 알 때 남은 한 사람의 성적을 알 수 있나요?

물론입니다.

어떻게 알 수 있죠?

승점을 생각하면 됩니다. 이겼을 때의 승점을 +1로 하고 졌을 때의 승점을 –1로 하면 해찬 군은 2승 1패이므로 승점은 $(+2)+(-1)=+1$이 됩니다. 그리고 1승 2패를 한 두 사람의 승점은 $(-2)+(+1)=-1$이 됩니다.

그럼 동수 군의 승점은 뭐죠?

이긴 사람이 있으면 진 사람도 있게 되므로 참가한 모든 선수들의 승점의 합은 항상 0이 되어야 합니다. 그러므로 동수 군의 승점을 x라고 하면 $(+1)+x+(-1)+(-1)=0$ 이 되어야 하므로 동수 군의 승점은 +1이 됩니다. 따라서 동수 군의 성적은 2승 1패가 맞습니다.

간단하군요.

판결합니다. 비록 동수 군이 성적표를 잃어버렸다고는 하지만 세 사람의 성적으로부터 동수 군의 성적을 알 수 있으므로 이번 3조에서 본선 진출 선수는 해찬 군과 동수 군으로 판

정합니다. 이상으로 재판을 마치도록 하겠습니다.

재판이 끝난 후, 해찬 군과 동수 군은 본선에 진출해 승승장구하여 결승전에서 다시 만났다. 그리고 결승전의 승자는 동수 군이었다.

 필요조건과 충분조건

명제 'p이면 q이다'가 참일 때 p는 q이기 위한 충분조건이라고 부르고 q는 p이기 위한 필요조건이라고 부른다.

뮤직 콘서트홀의 깐깐한 규칙

A로 들어간 사람이 D로 나왔는지 확인하려면 어떻게 해야 할까요?

임명장

위 사람은 과학공화국의 어느 누구보다도 깔끔하고 깐깐하며 빈대 근성이 강하여 절대 밥을 사는 일 없이 옆에 붙어서 얻어먹기만 하여 그 깔끔함을 높이 사는 바, 위 사람 박수달을 뮤직 콘서트홀의 관장으로 임명합니다.

박수달, 32세. 그는 뮤직 콘서트홀의 관장이 되었다. 뮤직 콘서트홀은 과학공화국에서 가장 변두리 도시에 위치해 있었다. 비록 변두리에 자리 잡고 있다고는 하나 훌륭한 건축 디자인으로 세계에서도 다섯 손가락 안에 꼽히는 콘서트홀이었다.

뮤직 콘서트홀의 관장이 된 첫 날, 박수달은 들뜬 마음으로 콘서트홀로 출근을 하였다. 하지만 콘서트홀로 들어가는 순간, 그는 눈살을 찌푸릴 수밖에 없었다. 그는 창가로 가서 창틀을 손가락으로 문질렀다.

"여기 청소부 아줌마 어디 있어? 관리인 당장 불러!"

"아, 새로 오신 관장님 아니십니까? 왜 그러시는지."

"아줌마가 청소부요? 아줌마! 여기 창틀에 먼지 좀 봐요, 이거 청소한 것 맞습니까?"

"네, 당연히 맞죠. 하지만 관장님, 이제까지 창틀은 일주일에 한 번만 닦는 게 규칙이었어요."

"뭐라고라고라? 일주일에 한 번이라고라? 안 돼요! 무조건 하루에 한 번 닦으세요. 알겠어요?"

"아니, 관장님! 이 많은 창틀을 어떻게 매일매일 닦아요?"

"못 닦겠으면 나가십시오. 당신이 아니어도 여기 와서 매일 창틀 닦겠다는 사람은 줄을 섰어요. 알겠어요?"

"알았어요! 매일 창틀을 닦으면 될 것 아니에요?"

청소부 아줌마는 화가 나서 투덜거렸다.

'에잇, 이번 관장은 너무 깐깐해서 여간 힘든 게 아니겠는걸.'

"아줌마, 나가는 길에 회계 담당 좀 불러 와요."

"쳇, 왜 나더러 불러오라마라야? 자기가 부를 것이지."

"아줌마 방금 뭐라고 했어요?"

"아, 아닙니다. 당장 불러오겠습니다."

청소부 아줌마는 황급히 나가서 회계 담당자를 불러왔다.

"어이구, 관장님. 어서 오십시오. 첫날이라서 그런지 아직 많이 낯설 ……."

"당신이 여기 회계 담당이오?"

박수달이 회계 담당자의 인사를 중간에 끊어버린 채 물었다.

"네, 맞습니다."

회계 담당자는 머쓱해져서 머리를 긁적이며 대답했다.

"당신 도대체 정신이 있는 사람이야, 없는 사람이야! 지금 이 콘서트홀이 1년 동안 아무런 이익도 못 낸 거 알아? 몰라? 도대체 회계 관리를 어떻게 하고 있는 거야? 손님도 없는데 도대체 왜 전등은 100개도 넘게 켜 놓은 거야? 당신이 전기세 책임질 거야? 앞으로 제대로 해! 알겠어? 이번 달에도 이익을 못 내면 당신은 당장 모가지야!"

회계 담당자는 고래고래 소리를 지르는 박수달에게 연신 죄송하다고 꾸벅꾸벅 인사를 한 뒤 조용히 문을 닫고 나왔다. 마침 문을 닫고 나오니, 청소부 아줌마가 서 있었다.

"이것 봐, 회계! 이번 관장은 영 별로지 않아? 뭐가 저리 깐깐해?"

"휴, 나는 아직도 귀가 멍멍해요. 내가 이익 내기 싫어서 안 내나? 흥! 아줌마, 혹시 쓰레기 중에 바나나 껍질 없어요?"

"바나나 껍질? 아, 여기 있네. 그런데 그건 왜?"

"히히, 잠깐만 줘 봐요. 우리 관장님 첫날인데 환영식은 해야죠."

회계 담당자는 바나나 껍질을 관장실 문 앞에 두고 몰래 숨어서 지켜봤다.

그때 관장실에서 고함 소리가 들렸다.

"이봐, 회계! 회계 담당자 아직도 거기 있나?"

다급한 고함 소리에 숨어 있던 회계 담당자는 재빠르게 관장실로 달려갔다. 순간 자신이 놓아 둔 바나나 껍질에 미끄러져 꽈당 넘어지고 말았다.

"아이고, 엉덩이야. 아이고."

엉덩이를 문지르며 회계 담당자는 관장실로 들어갔다.

"찾으셨습니까?"

"여기 관리인 좀 불러와."

"네? 그럼 관리인을 바로 부르시지, 왜 저를 부르셔서……. 아이고, 아파라."

"빨리 당장 불러!"

회계 담당자는 아픈 엉덩이를 움켜쥐고 밖으로 나가 관리인을 불러 왔다.

"관리인, 나는 이번에 새로 취임하게 된 박수달 관장이오. 아마 오늘 저녁 회식 때 환영식이 있을 터이니 그때 자세한 이야기를 하기로 하고, 우선 이 콘서트홀에 어떤 규칙이 있다고 들었소. 그것에 대해서 좀 정확하게 이야기해 주시오."

"예, 관장님. 저희 뮤직 콘서트홀에는 2개의 입구 A, B와 출구 C, D가 있는 것 아시죠? 저희 뮤직 콘서트홀에는 다음과 같은 규칙이 있습니다."

〈규칙〉 A로 들어간 사람은 반드시 D로 나와야 한다.

"아, 그래요? 그럼 오늘 규칙을 위반한 사람은 모두 몇 명입니까?"

"네, 오늘 A, B로 들어간 사람의 수는 각각 10, 13이고 C, D로 나온 사람은 6, 17명이었습니다. 규칙을 위반한 사람의 수를 알아보기 위해 저는 지금 23명을 조사하는 중입니다."

"뭐라고? 23명이나 조사 중이라고? 규칙 위반자를 알아보는데 왜 그렇게 많은 사람을 조사하는 거지? 당신 머리가 그렇게 안 돌아가? 그런 곳에 인력 낭비를 하고 있다니. 당신은 당장 해고야!"

"뭐라고요? 제가 해고라고요? 당연히 23명 전부를 조사해야 규칙을 위반한 사람을 찾을 수 있는 것 아닙니까? 흥, 괜히 관장님 마음에 들지 않는다고 해서 저를 해고시킨다면 당신을 수학법정에 고소하겠습니다!"

관리인은 박수달 관장을 수학법정에 고소하였다.

A로 들어간 사람은 반드시 D로 나와야 합니다.
그렇다면 B로 들어간 사람은 어느 출구로 나와도 된다는 이야기입니다.

**규칙 위반자를 알아보기 위해서는
몇 명을 조사해야 될까요?**
수학법정에서 알아봅시다.

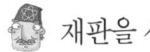

 재판을 시작합니다. 원고 측 변론하세요.

 콘서트홀의 규칙은 A로 들어간 사람은
반드시 D로 나와야 한다는 것입니다. 나
오는 출구는 C와 D이므로 두 출구로 나온 사람에게 A로 들
어왔냐고 물어보면 되는 것입니다. 그러므로 원고는 규칙을
제대로 이행했다고 볼 수 있습니다. 따라서 이 해고는 부당
합니다.

 피고 측 변론하세요.

 논리 짱 연구소의 나논리 박사를 증인으로 요청합니다.

190cm가 넘어 보이는 남자가 증인석으로 성큼성큼 걸
어 들어왔다.

 이번 사건을 의뢰 받았죠?

 네. 우리 연구소에서 조사했습니다.

 그럼 원고 측 주장처럼 23명을 모두 조사해야 하나요?

 그렇지 않습니다. 규칙을 다시 보죠. A로 들어간 사람은 반드

시 D로 나와야 합니다. 그렇다면 B로 들어간 사람은 어느 출구로 나와도 된다는 이야기입니다. 자! 이제 출구를 조사해야 하는데 그러기 위해서는 이 규칙의 대우를 생각해야 합니다. 규칙의 대우는 다음과 같지요.

D로 나오지 않은 사람은 A로 들어가지 않았어야 한다.

출구는 C와 D뿐이고 입구는 A와 B뿐이므로 이것은 다시 다음과 같이 말할 수 있습니다.

> **필요충분조건**
>
> 명제 'p이면 q이다'와 명제 'q이면 p이다'가 동시에 참일 때 p는 q이기 위한 필요충분조건이라고 부른다.

C로 나온 사람은 B로 들어갔어야 한다.

결국 C로 나온 사람에게 "어느 입구로 들어왔나요?"라고만 물으면 됩니다. 그러니까 조사해야 할 사람은 6명이 되지요. 정말 논리의 힘이 무섭군요. 누가 봐도 23명 모두를 조사해야 할 것 같은데 대우의 논리를 이용하니 6명만 조사하면 되는군요. 그렇다면 이번 해고는 정당하다고 생각합니다. 이상으로 재판을 마치도록 하겠습니다.

재판이 끝난 후, 이 콘서트홀의 새로운 관리인들은 모두 출구 C에만 서 있었다.

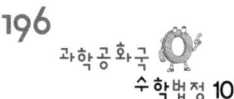

수학성적 끌어올리기

대우를 이용한 명제의 참·거짓 판별

대우와 주어진 명제의 참·거짓이 같다는 것을 이용하면 많은 명제의 참·거짓을 쉽게 알아 볼 수 있습니다.

첫 번째로 다음 명제를 봅시다.

$xy \neq 1$이면 $x \neq 1$ 또는 $y \neq 1$이다.

이 명제의 대우는 다음과 같습니다. 이 대우 명제의 참·거짓을 조사해 봅시다.

$x=1$이고 $y=1$이면 $xy=1$이다.

여기서 대우는 참이니까 주어진 명제도 참입니다.

두 번째 예로 다음 명제를 봅시다.

n이 자연수일 때 n^2이 3의 배수이면 n도 3의 배수이다.

이 명제의 참·거짓 대신 대우의 참·거짓을 조사하면 됩니다.

이 명제의 대우는 다음과 같습니다.

n이 자연수일 때 n이 3의 배수가 아니면 n^2도 3의 배수가 아니다.

n이 3의 배수가 아니면 $n=3k\pm1$(k는 정수)로 놓을 수 있습니다. 예를 들어 3의 배수가 아닌 4나 23을 보면 $4=3\times1+1$, $23=3\times8-1$이라 쓸 수 있음을 알 수 있습니다.

이때 $n^2=(3k\pm1)^2=9k^2\pm6k+1=3(3k^2\pm2k)+1=3\times(정수)+1$이니까 n^2은 3의 배수가 아닙니다.

따라서 대우가 참이니까 주어진 명제도 참이 됩니다.

한 글자로 푸는 논리 문제

어떤 반 학생들의 성격을 조사하여 다음과 같은 사실을 얻었습니다.

(A) 명랑하지 않은 학생은 협동심이 없다.

(B) 협동심이 있는 학생은 사교적이다.

(C) 약속을 잘 지키는 학생은 협동심이 있다.

위의 세 가지 사실을 토대로 다음 중 참인 것을 모두 골라 보세요.

① 사교적인 학생은 약속을 잘 지킨다.

② 명랑한 학생은 협동심이 있다.

③ 사교적인 학생은 명랑하다.

④ 약속을 잘 안 지키는 학생은 사교적이지 못하다.

⑤ 사교적이지 못한 학생은 약속을 잘 안 지킨다.

문장의 첫 글자를 집합의 이름으로 택하고 부정은 ~로 표시하면 다음과 같습니다.

(A) ~명 → ~협   (B) 협 → 사   (C) 약 → 협

각각에 대한 대우를 쓰면 다음과 같습니다.

(A*) 협 → 명   (B*) ~사 → ~협   (C*) ~협 → ~약

보기를 한 글자로 써 봅시다.

① 사 → 약   ② 명 → 협   ③ 사 → 명   ④ ~약 → ~사

⑤ ~사 → ~약

그러면 차례로 확인해 봅시다.

① 주어진 조건과 대우에서 '사'에서 출발하는 것이 없으니까 틀리다.

② 주어진 조건과 대우에서 '명'에서 출발하는 것이 없으니까 틀리다.

③ 주어진 조건과 대우에서 '사'에서 출발하는 것이 없으니까 틀리다.

④ 주어진 조건과 대우에서 '~약'에서 출발하는 것이 없으니까 틀리다.

⑤ (B*)에서 ~사 → ~협 , (C*)에서 ~협 → ~약 이니까 ~사 → ~약 입니다.

그러므로 참인 명제는 ⑤번이 됩니다.

논리로 범인 찾기

동식, 찬민, 민지, 한규라는 네 명의 용의자가 있습니다. 네 명은 서로를 잘 알고 있으며 어젯밤 벌어진 도난 사건의 용의자입니다. 경찰관의 조사에서 네 사람은 다음과 같이 대답했습니다.

동식 : 찬민이가 범인이에요.

찬민 : 한규가 범인이에요.

민지 : 난 결백해요.

한규 : 찬민이의 말은 거짓이에요.

네 사람의 말 중 한 사람의 말만 참이라면 누가 범인일까요? 단, 범인은 한 명이라고 합시다.

이 문제는 각각의 사람을 범인이라고 가정했을 때 모순이 생기지 않는 경우를 찾으면 됩니다.

먼저 동식이의 말이 참이라고 가정해 보면 찬민이가 범인이고 나머지의 말은 거짓이 되어야 합니다. 그런데 이 경우, 민지와 한규의 말도 참이 되므로 모순이 발생하게 됩니다. 그러므로 동식이의 말은 참이 아닙니다.

다음으로 찬민이의 말이 참이라면 한규가 범인이고 나머지 말은 거짓이죠. 이 경우 민지의 말은 참이 되므로 모순이 발생하게 되어 찬민이의 말도 참이 아닙니다.

민지의 말이 참이라면 민지는 범인이 아니고 동식이와 찬민이의 말은 거짓이므로 찬민이와 한규도 범인이 아니게 되죠. 그러므로 동식이가 범인입니다. 그런데 이 경우 한규의 말도 참이 되므로 모순이 발생하게 되어 민지의 말은 참이 아닙니다.

마지막으로 한규의 말이 참이라면 동식이와 찬민이의 말도 거짓이므로 한규는 범인이 아닙니다. 여기서 민지의 말이 거짓이므로 민지가 범인이 됩니다. 이 경우는 모순이 발생하지 않으므로 범인은 민지가 됩니다.

제4장

기타 · 논리에 관한 사건

연속인 두 수 – 카드 수수께끼

이중 부정 – 앙드르 성으로 가는 길을 알려 주세요

연산 논리 – 숫자 5의 마법

논리 – 세 명이 모여야 열리는 금고

비둘기집의 원리 – 10개의 기둥 박기

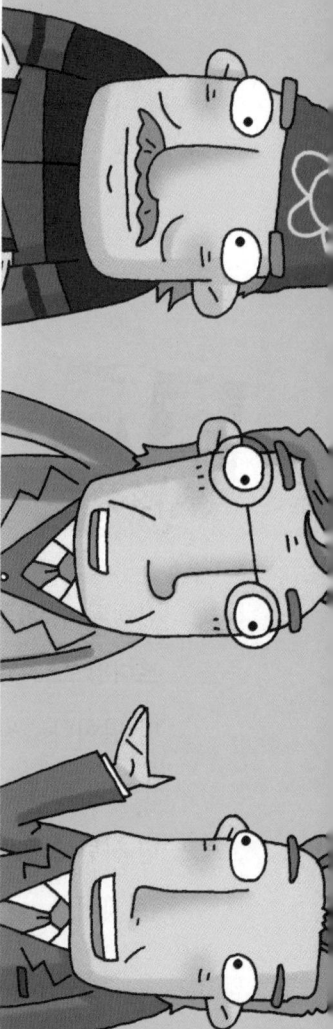

카드 수수께끼

숫자가 적힌 10장의 카드에서 몇 장을 꺼내야 항상 연속인 두 수가 포함될까요?

사건속으로

과학공화국의 수도인 메르디앙에서는 매년 7월마다 축제가 열린다. 이 축제의 이름은 '흥겨워 페스티벌'이다. '흥겨워 페스티벌'은 한 달 동안 계속 진행되며, 과학공화국의 모든 사람들이 이 축제를 즐기기 위해 메르디앙으로 온다. '흥겨워 페스티벌'의 가장 큰 묘미는 바로 마지막 날이다. 7월 31일 밤 11시 55분에 사회자는 무대로 올라가서 수수께끼 하나를 낸다. 그리고 8월 1일 0시가 되기 전에 그 문제를 맞힌 사람에게는 평생을 먹고 놀 수 있을 만큼의 보석을 상금으로 주는 것이다. 이번에는 내가 수수께끼 문제를 내는 사람으로 뽑히게 되었다. 과연 어떤 문제를 내야 할지 고민이다.

"아빠, 요즘 왜 그렇게 조용해?"

"미애야. 아빠는 조용한 게 아니라 지금 고민하고 있는 거야."

5살짜리 딸아이 미애는 아주 귀엽다. 그런데 문제는 5살짜리 여자애치곤 먹는 것에 너무 욕심이 많다는 것이다. 무엇이든 우선 입으로 넣고 우물거리며 맛을 본다. 며칠 전에는 텔레비전 위에 무당벌레가 한 마리 앉아 있는 걸 보고 손가락으로 집더니 입에 넣고 우물거리는 것이었다. 그런 후 미애는 이렇게 말했다.

"아빠! 방금 바삭바삭하고 굉장히 고소한 걸 먹었어. 그거 또 사 줘."

나는 기겁하여 미애에게 단단히 일러두었다.

"미애야, 방금 네가 먹은 건 무당벌레라고 하는 건데 그건 절대 먹는 게 아냐! 알겠니?"

며칠이 지났다. 드디어 내일은 7월 31일이다. 빨리 수수께끼를 내야 한다는 조급한 마음을 진정시키기 위해서 뜰로 나갔다. 그곳에는 미애가 쪼그리고 앉아 있었다.

"미애야, 여기서 뭐하니?"

미애가 고개를 돌려 나를 봤다. 세상에, 미애가 입을 오물오물거리며 무엇을 먹고 있는 것이다.

"미애야, 입에 들어있는 게 뭐니?"

"토끼풀! 아빠도 토끼풀 알아? 지금 토끼풀만 골라서 뜯어먹고 있어."

"오 마이 갓! 미애야, 토끼풀은 토끼가 먹는 거란다. 알겠니? 사람이 먹으면 절대로 안 돼."

"먹으면 죽어? 그런데 왜 나는 안 죽어?"

"죽는 건 아니지만. 휴, 아무튼 절대 먹어선 안 돼."

나는 미애에게 아무거나 먹어서는 절대 안 된다고 누누이 강조를 했다.

'휴, 어떤 수수께끼를 내야 할지 고민인데 미애 저 녀석의 식탐이 나를 더 정신없게 만드는군.'

"아빠, 우리도 축제에 놀러 가자. 내일이 축제 마지막 날이잖아. 미애도 축제 구경하고 싶단 말이야."

나는 미애를 데리고 '흥겨워 페스티벌'로 갔다.

'그래, 집에서 끙끙거리며 고민하고 있을 바에야 축제라도 가 보면 뭔가 생각이 떠오르겠지. 후후, 아니면 '사람이 과연 토끼풀을 먹을 수 있을까?' 이런 질문을 내 버려?'

축제는 엄청난 인파로 바글바글했다. 한 걸음을 걷기가 무섭게 미애가 졸라댔다.

"아빠, 이번엔 저 꼬치!"

"아빠, 저거 타코야끼래! 엄청 맛있어 보여~. 나 저거 사 줘."

"아빠, 나 저기 시원해 보이는 막걸리 한 잔만."

"뭐? 막걸리? 미애야, 막걸리는 어른들이 마시는 거야! 절대 안 돼!"

"정말? 얼음이 둥둥 떠서 맛있어 보이는데?"

"저기 팥빙수 있다. 우리 미애, 아빠랑 팥빙수 먹을까?"

"팥빙수? 히히. 정말?"

미애는 축제에서 배가 터져라 먹어댔다.

"미애야, 아빠는 배가 터질 것 같아. 그만 집으로 돌아가자꾸나."

"아빠, 저기 가 보고 싶어. 사람들이 몰려 있는 저기 말이야."

우리는 사람들이 몰려 있는 곳으로 갔다. 카드 점을 봐 주는 곳이었다.

"미애야, 너도 카드 점 보고 싶어?"

"응! 아빠. 나도 카드 점 보고 싶어."

미애는 점술사에게로 쪼르르 뛰어가더니 말했다.

"아줌마, 저도 점 봐 주세요. 저는 미래에 뭐가 될 것 같아요?"

"우선 이 10장의 그림 카드에서 2장을 뽑아 보렴."

미애는 신중하게 2장의 카드를 뽑았다. 점술사는 카드를 보더니 이렇게 말했다.

"아이야, 너는 나중에 과학공화국 최고의 레슬링 선수가 될 것 같구나."

나는 그 말을 듣자마자 크게 웃었다. 하지만 미애의 기분은 그다지 좋지 않은 듯했다. 엉터리 점이라며 집에 빨리 가자고 내 손을 잡아끌었다. 그 순간 머릿속이 환해지는 것을 느꼈다.

"그래! 바로 그거야. 카드를 이용한 수수께끼를 내면 되겠군."

드디어 7월 31일 11시 55분이 되었다. 이제 '흥겨워 페스티벌'은 끝을 향해 달리고 있었다.

무대 위로 올라갔다. 많은 사람들이 호기심에 눈을 반짝였다.

"자, 드디어 기다리던 수수께끼 문제 시간입니다. 제가 문제를 공개하겠습니다.

1번부터 10번까지 쓰인 10장의 카드가 있습니다. 여기서 적어도 몇 장의 카드를 뽑아야 항상 연속인 두 수가 포함될까요?

내가 문제를 내자 갑자기 사람들이 웅성거리기 시작했다.

"아니, 저걸 어떻게 5분 만에 풀어?"

"카드가 있어야 해보기라도 하지? 카드도 없이 어떻게 문제를 풀라는 거야?"

3, 2, 1, 땡. 12시가 되었다. 8월 1일이 된 것이다.

하지만 아무도 5분 안에 수수께끼를 풀어내지 못했다. 내가 웃으며 무대에서 내려오려고 하는데 누군가 소리쳤다.

"저 녀석은 사기꾼이야! 풀 수 없는 문제로 우리를 골탕 먹이려고 하는 거라고!"

나는 화가 나서 소리쳤다.

"뭐라고? 내가 당신들을 골탕 먹이려고 풀 수 없는 문제를 냈단 말이야? 후후, 좋아! 그럼 수학법정에 의뢰해 보지! 만약 당신이 틀린 거라면 내가 당신을 명예 훼손죄로 고소해 버리겠어!"

이 문제에 관해서 논란이 일자 수학법정에서 이 문제의 진실을 밝히기로 했다.

1부터 N(짝수)까지의 연속된 수에서 N÷2+1(개)의 수를 아무렇게나 택하면 항상 연속인 두 수가 나온다.

여기는 수학법정

카드 수수께끼의 비밀은 뭘까요?

수학법정에서 알아봅시다.

재판을 시작합니다. 먼저 원고 측 변론하세요.

1번부터 10번까지 연속된 두 수가 나올 수도 있고 나오지 않을 수도 있어요. 그런데 항상 연속되게 뽑으라니 말도 안 되는 규칙이군요. 저는 이 게임이 불공정한 게임이라고 강력히 주장합니다.

피고 측 변론하세요.

카드 논리 연구소의 가아드 박사를 증인으로 요청합니다.

얼굴이 네모난 30대 남자가 증인석으로 걸어 들어왔다.

이 문제가 해결 가능한 문제인가요?

그렇습니다. 6장 이상을 뽑으면 됩니다.

왜죠?

6장 이상의 카드를 뽑으면 항상 연속인 두 수가 있게 됩니다. 얼핏 생각하면 이보다 적은 수의 카드를 뽑아도 연속인 두 수가 나올 수 있을 것처럼 보입니다. 예를 들어 다음 2장의 카드

를 뽑았다고 합시다.

2	3

이 두 수는 연속이므로 조건을 만족합니다. 하지만 2장의 카드로는 항상 연속인 두 수가 포함되지 않습니다. 예를 들어 다음과 같이 카드를 뽑는다고 해 보죠.

1	10

이외에도 2장을 뽑아 연속인 두 수가 포함되지 않는 경우는 아주 많이 생깁니다. 5장을 뽑는 경우를 봅시다. 이때도 다음과 같이 뽑으면 연속인 두 수가 생기지 않습니다.

1	3	5	7	9

그러므로 5장의 카드로는 항상 연속인 두 수를 포함할 수 없습니다. 하지만 6장을 뽑으면 상황은 달라집니다. 예를 들어 1, 3, 5, 7, 9를 뽑고 다른 한 장의 카드를 뽑는다고 합시다. 남은 한 장은 2, 4, 6, 8, 10 중의 하나입니다. 이때 1, 3, 5, 7, 9와 연속이지 않은 수를 뽑을 수 있는 방법은 없습니다. 그러므로

반드시 연속인 두 수를 포함하게 됩니다. 이렇게 1부터 10까지의 수가 있을 때 연속인 두 수를 항상 포함하려면 6장의 카드를 뽑아야 합니다.

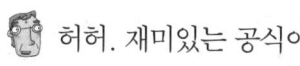 허허. 재미있는 공식이군요.

그럼 판결합니다. 이번 게임은 수학적으로 정답이 있는 게임이라는 것이 밝혀졌습니다. 그러므로 원고 측의 주장은 아무 의미 없는 것으로 판단합니다. 이상으로 재판을 마치도록 하겠습니다.

재판이 끝난 후, 이 사건은 많은 사람들 사이에서 화제가 되었고 증인으로 나온 가아드 박사는 1부터 N(짝수)까지의 연속된 수에서 N÷2+1(개)의 수를 아무렇게나 택하면 항상 연속인 두 수가 나온다는 내용의 논문을 학회에 발표했다.

 가정이 모순인 명제

예를 들어 'p가 성립한다면 q이다.' 라는 명제를 보자. 이 명제는 p가 거짓이라 해도 그것을 가정하면 q는 참이 되어야 한다. 예를 들어 '해가 서쪽에서 뜨면 1 + 1 은 3이다' 라는 명제에서 가정인 '해가 서쪽에서 뜨면'은 거짓이지만 만일 이런 일이 일어난다면 '1 + 1 이 3'는 참이어야 한다. 하지만 그런 가정은 일어나지 않기 때문에 결국 '1 + 1 이 3' 이라는 일은 일어나지 않는다.

앙드르 성으로 가는 길을 알려 주세요

만약 당신에게 '내가 가야 할 길이 이 길인가요?' 라고 물으면
'네' 라고 대답하겠습니까?

사건속으로

공주병 양은 자신이 시대를 잘못 타고 태어나 이렇게 방황하는 공주가 되었다고 생각한다. 그녀는 자신이 17세기 유럽의 왕궁에서 태어났어야 했지만 하늘의 장난으로 21세기 과학공화국 산부인과에서 태어났다고 생각하는 착각 10단의 여성이다.

'아, 하늘이시여. 어찌 이런 장난을 치셨나이까?'

하지만 그녀는 비록 21세기에 태어났다고는 해도 자신이 공주인 것에는 변함이 없으므로 앞으로도 공주로 살아갈 것을 굳게 결심했다.

"얘, 내가 목이 마른데 컵에 물 좀 떠 올래?"

3월이 되어 학교에 입학한 공주병 양은 옆 자리에 앉아 있던 아이에게 말을 건넸다. 그녀는 공주병 양을 힐끗 보더니 다시 고개를 돌려 버렸다.

'아, 목이 마른데 어쩌지? 내가 직접 물을 뜨러 가야 하나?'

공주병 양은 한참 동안 깊이 고민을 했고 목마름을 참다 못해 앞 자리에 앉은 아이의 등을 톡톡 쳤다.

"저기, 내가 목이 너무 말라서 그러는데 물 좀 갖다 줄 수 있니?"

그러자 그 아이는 공주병 양을 불쌍한 눈으로 쳐다보며 물을 갖다 주었다. 그 아이는 공주병 양이 다리가 아파서 못 걷는 아이인 줄 알고 물을 갖다 준 것이었다. 이렇듯 공주병 양의 학교 생활은 결코 쉽지 않았다. 하루는 국어 시간에 지우개를 쓰다가 그만 지우개를 책상 옆으로 떨어뜨리고 말았다. 하지만 그녀는 지우개를 주울 수 없었다. 왜냐하면 공주는 자기가 떨어뜨린 것을 줍지 않기 때문이었다. 그녀는 지우개를 떨어뜨린 후 옆에 앉은 애를 빤히 쳐다보았다. 옆에 앉은 애는 한숨을 쉬며 지우개를 주워 주었다.

한 달이 흘러 짝꿍을 바꾸는 날이 왔다. 하지만 아무도 그녀와 짝꿍이 되려고 하지 않았다. 그녀는 고독한 공주가 되어 외롭게 학교를 다녔다. 그녀 주위에는 아무도 없었지만 어쩔 수가 없었다. 고독하고 외롭더라도 그녀는 여전히 공주이기 때문이었다.

그녀는 체육 시간이 되면 혼자 벤치에 앉아 있었다. 어떻게 공주가 천하게 될 수 있겠는가? 그녀는 언제나 사뿐사뿐 걸어 다니며 교양 있는 말투만 쓰려 애썼다.

그러던 어느 날, 그녀는 텔레비전을 보던 중 우연히 '앙드르 성'이라는 곳을 보게 되었다. '앙드르 성'을 보는 순간 그녀는 텔레비전에서 눈을 뗄 수가 없었다. 그리고 마치 알 수 없는 힘에 이끌리듯 그곳으로 가야만 한다는 사실을 깨닫게 되었다.

"엄마, 전 앙드르 성으로 가야 해요."

"뭐? 어이구. 정신차려! 네가 무슨 앙드르 성이야? 얼른 엄마 김치 담그는 거나 좀 도와라. 원, 딸이라고 하나 있는 게 매일 정신 못 차리고 집안일이라고는 눈곱만큼도 안 하니! 설거지를 해? 자기 방 청소를 해?"

"엄마, 저는 공주라서 집안일 못 한다고 말씀드렸잖아요."

"어이구, 네가 공주면 엄마는 왕비야! 어디 왕비가 김장하고 앉아 있다니? 이게 정말 정신 안 차릴래?"

그녀는 어쩔 수 없이 엄마 몰래 혼자서 앙드르 성을 찾아 떠나기로 했다. 왠지 그곳에 가면 왕자님이 기다리고 있을 거란 생각이 들었다. 우선 인터넷으로 앙드르 성을 검색해 보니 다행스럽게도 집에서 멀지 않은 곳에 있었다. 그녀는 다음 날 아침 학교에 가는 척하며 집을 나와서 학교에 가지 않고 앙드르 성을 향해 떠났다.

'앙드르 성에 가려면 버스를 타야 하는데 세상에 내가 어떻게 평민들이랑 같이 버스를 타겠어?'

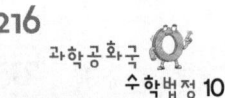

그녀는 택시를 잡아탔다. 손을 내밀자 택시가 멈춰 서는 것을 보고 그녀는 흡족한 미소를 지었다.

"어디로 모실까요?"

"김 기사, 앙드르 성으로 가죠."

"앙드르 성이요? 그런데 무슨 학생이 아저씨 보고 김 기사래? 건방지게!"

그녀는 대꾸하지 않았다.

'그래, 이젠 익숙해. 어서 빨리 앙드르 성으로 가야 해. 아, 왕자님. 마이 달링~.'

택시는 곧 신나게 달리기 시작했다.

"그런데 학생, 돈은 있어? 벌써 만원이 넘었어."

"돈이요? 돈은 한 푼도 없는걸요."

그녀는 태어나서 한 번도 택시를 타본 적이 없었다. 왜냐하면 집 바로 앞에 학교가 있었기 때문이다. 그저 택시는 손을 흔들면 와서 무료로 태워 주는 친절 봉사인 줄 알았다.

"이봐, 학생! 돈이 없으면 어떡해, 당장 내려!"

갑자기 택시가 끽- 소리를 내며 멈췄다.

"아, 그럼 제가 돈 대신 제 팔찌를 드릴게요. 진주 팔찌예요. 이거면 안 되나요?"

아저씨는 진주 팔찌를 건네받더니 소리를 질렀다.

"학생, 지금 장난해? 장난감 진주잖아, 이거 문구점에서 100달란이면 사겠다. 당장 내려!"

그녀는 하는 수 없이 택시에서 내렸다. 길을 따라 걷고 있는데 갈림길이 있는 게 아닌가?

'휴, 어느 길로 가야 맞는 거지?'

그녀가 갈림길에 서서 고민하고 있는데 남자 두 명이 나타났다.

"저기요, 길을 좀 물으려고 하는데 바쁘세요?"

"후후, 우리 둘 중 한 사람은 진실만, 한 사람은 거짓말만 합니다. 단 한 번만 질문하면 대답을 하겠습니다."

그녀는 속으로 이상한 2인조라고 생각했다.

"저기 앙드르 성에 가려면 이 길로 가야 하나요?"

그녀는 누가 진실을 말하는 사람인지 몰랐기에 둘 중 아무나 선택해서 물었다.

"저 길로 가야 합니다."

그녀는 그 말을 듣곤 그 길을 따라 한참을 걸었다. 하지만 그 사람은 거짓말만 하는 사람이었다. 그러니 성이 보일 리가 없었다. 그녀는 너무 화가 나서 다시 갈림길로 돌아갔다. 마침 2인조는 아직도 그 자리에 있었다.

"아니, 이것 보세요! 가라는 데로 갔는데 왜 성이 보이지 않는 거예요? 얼마나 걸었는지 아세요? 헉헉, 당신들 2인조! 공주에게 사기를 치다니! 지금 당장 고소하겠어요!"

공주병은 자신을 곤란하게 한 2인조를 수학법정에 고소하였다.

'나는 바보가 아니지 않다' 고 말하면 이것은 부정이 두 번 사용된 것입니다.
그럼 이 문장은 '나는 바보다' 라는 뜻이 됩니다.
이렇게 이중 부정은 긍정을 나타냅니다.

어떻게 물어야 앙드르 성으로
가는 길을 찾을 수 있을까요?
수학법정에서 알아봅시다.

 재판을 시작합니다. 먼저 원고 측 변론하
세요.

 요즘도 저런 썰렁한 장난을 치는 사람이
있다니 정말 놀랍군요. 그냥 낯선 사람이 길을 물어보면 친절
하게 가르쳐 주면 되지, 한 명은 진실을 말하고 다른 한 명은
거짓을 말하는 건 뭡니까. 이런 상황이라면 둘 중에 진실을
말하는 사람에게 물을 때만 올바른 길을 택하게 되잖아요?
그러므로 공주병 양이 성을 찾지 못한 것에 대해 2인조가 책
임을 져야 한다는 것이 제 의견입니다.

 피고 측 변론하세요.

 이중 부정 연구소의 두번노 박사를 증인으로 요청합니다.

이마에 N자가 두 개 새겨진 문신을 한 30대 남자가 증인
석에 앉았다.

 증인이 하는 일은 뭐죠?

 이중 부정에 관한 연구를 하고 있습니다.

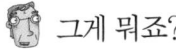 그게 뭐죠?

'나는 바보가 아니지 않다' 고 말하면 이것은 부정이 두 번 사용되었지요? 그럼 이 문장은 '나는 바보다' 라는 뜻이 됩니다. 이렇게 이중 부정은 긍정을 나타내는데 우리는 그걸 연구하고 있습니다.

이중 부정이 이번 사건과 관련 있나요?

물론입니다. 이중 부정을 이용하면 누구에게 묻든지 바른 길을 찾을 수 있습니다.

잘 이해가 안 되는군요. 어떻게 묻는 거죠?

다음과 같이 물으면 됩니다.

만일 당신에게 '내가 가야 할 길이 이 길인가요?' 라고 물으면 당신은 '네' 라고 대답하겠습니까?

잘 이해가 안 되는군요.

우선 공주병 양이 두 길 중 어떤 길을 가리키면서 진실만 말하는 사람에게 이 질문을 했다고 해 보죠. 그 길이 앙드르 성으로 가는 길이 맞는다면 그는 '네' 라고 대답할 것입니다.

하지만 거짓말을 하는 사람에게 물으면 달라지잖아요?

그렇지 않습니다. 거짓말을 한 사람은 이 질문에서 '내가 가야 할 길이 이 길인가요?' 라는 질문과 '네' 라는 질문에 대해

각각 거짓 대답을 하게 됩니다. 그로 인해 거짓말의 거짓말 즉, 이중 부정이 되어 이 사람도 질문에 대해 '네'라고 대답하게 됩니다. 그러므로 누구에게 물어도 바른 길을 찾을 수 있습니다.

 정말 멋진 질문이군요. 질문 한 번에 바른 길을 찾을 수 있다니, 이 방법을 범인의 자백을 받는 수사 현장에서 사용하는 것도 재미있을 거 같군요. 아무튼 공주병 양이 이렇게 물었다면 2인조 중 누가 대답하든 앙드르 성을 찾을 수 있었을 테니까 2인조의 무죄를 판결합니다. 이상으로 재판을 마치도록 하겠습니다.

재판이 끝난 후, 공주병 양은 병원에 입원했다. 심각한 공주병을 고치기 위해서였다. 그리고 얼마 후 퇴원한 그녀는 평민이 되어 나타났다.

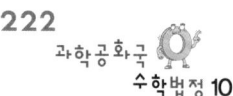 이중 부정

어떤 명제의 결론을 반대로 한 것을 그 명제의 부정이라고 한다. 명제로부터 얻어진 부정 명제를 다시 부정한 명제의 참·거짓은 항상 처음 명제의 참·거짓과 일치한다.

숫자 5의 마법

숫자 5를 6번만 사용하여 1부터 10까지 나타낼 수 있을까요?

사건속으로

요즘 텔레비전에서 한창 인기 몰이 중인 '실버 벨'은 수학에 자신 있는 사람들을 50명 정도 모아 놓고 수학 퀴즈를 푸는 프로그램이다. 맞춘 사람은 계속 살아남을 수 있으며, 틀린 사람은 그 자리에서 탈락하게 된다. 마지막 10단계 문제를 푼 사람에게는 1억 달란의 상금이 주어지는 아주 흥미진진한 텔레비전 프로그램이다. 내가 이 텔레비전 프로그램에 나가리라고는 생각도 못했다. 그 일이 있기 전까진…….

며칠 전이었다. 나는 내 짝꿍 예교를 매우 좋아한다. 예교만 보고 있어도 자꾸 웃음이 난다. 하지만 예교의 마음을 알 수가 없어

혼자 전전긍긍하고 있다. 누구에게도 말하지 못한 채 어떻게 여자의 마음을 얻어야 하는지 인터넷 검색을 했다.

'여자에게 고백하는 법'이라고 인터넷 검색을 하자 인터넷에 '여자들은 꽃이 최고예요'라는 답변이 적혀 있는 게 아닌가? 그 날로 바로 장미꽃 다발을 사 들고 학교에 갔다. 그리고 학교에 도착하자마자 예교에게 다가가 꽃을 건넸다.

"예교야, 이거 꽃이야."

예교는 눈이 동그래져서 나를 쳐다보았다. 순식간에 시끄럽던 교실 안이 조용해지고 모두의 눈이 우리를 향했다. 너무 부끄러워서 얼굴이 터질 것만 같았다.

"응. 그런데 준호야, 그 꽃을 왜 내게 주는 거니?"

"아, 이거? 새로 온 교생 선생님 좀 전해주라고……. 내가 주긴 너무 부끄러워서……."

이 말을 하면서 내 입을 주먹으로 틀어막고 싶을 정도였다. 하지만 이미 엎질러진 물. 반 아이들은 휘파람을 불며 놀려댔다.

"준호는~ 새로 온 교생 선생님을~ 좋아한대요. 얼레리 꼴레리~. 얼레리 꼴레리~."

예교는 조금 속상한 듯 꽃을 쳐다보고 있다가 꽃을 두고는 자기 자리로 가서 앉아 버렸다. 어쩔 수 없이 나는 그 꽃을 다시 가지고 와서 내 자리에 앉았다.

그날 오후 다시 집으로 뛰어가 인터넷 검색을 했다. '여자에게

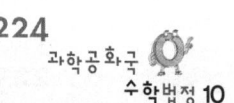

고백하는 법'을 치자 이번에는 '반지로 고백하세요. 성공률 100％'라는 답변이 있는 게 아닌가?

'하긴 나라도 꽃보다는 반지가 훨씬 낫겠다.'

다음 날 학교 가는 길에 팬시점에 들렀다. 팬시점에는 예쁜 큐빅이 박힌 반지들이 여러 종류 있었다.

'왠지 예교는 분홍색 큐빅이 잘 어울릴 것 같아. 예교는 공주님이니까.'

큐빅 반지를 사 들고 신이 나서 교실로 갔다.

'아차, 그런데 이걸 언제 주지? 저번처럼 또 애들 앞에서 주면 실패할 것 같은데. 아냐, 이번에는 확실하게 내 마음을 전달해야 해. 그래도 너무 부끄러운데. 그냥 쉬는 시간에 몰래 예교 필통에 넣어 두고, 학교 마치고 가는 길에 사실은 내가 넣어 둔 거라고 고백해야겠다. 히히.'

쉬는 시간에 예교가 자리를 비운 틈을 타 슬쩍 필통에 반지를 넣어 두었다. 매점에 다녀 온 예교는 수업 준비를 하기 위해 자리에 앉았다. 나는 이때다 싶어 예교에게 말을 붙였다.

"저기, 나 지우개 좀 빌려 주지 않을래?"

"지우개? 알았어, 잠깐만……."

예교가 필통을 여는 순간, 내 가슴은 콩닥콩닥 뛰었다.

"어머, 이게 웬 반지야?"

예교는 반지를 집더니 의아해 했다.

"와, 그 반지 참 예쁘다. 예교 너한테 잘 어울릴 것 같은데?"

"정말?"

예교는 반지를 자신의 손가락에 끼워 보았다. 그런데 세상에! 반지가 손가락 중간에 걸려서 들어가질 않는 것이다. 아무리 안간힘을 써도 반지는 들어가지 않았다. 예교는 속상해 하며 반지를 뺐다.

"준호야, 너 여동생 있다고 했지? 이거 네 여동생 갖다 줘. 누가 넣어둔 거야? 에잇, 기분만 나빠졌네."

나는 얼떨결에 반지를 받았다. 오후에 또 다시 집으로 뛰어가 후다닥 컴퓨터를 켰다. '여자에게 고백하는 법'을 다시 치니 '돈이 최고예요! 돈만 있으면 안 넘어오는 여자 한 명도 없어요' 라는 답변이 적혀 있는 게 아닌가?

'그래! 꽃이나 반지 가지고는 어림도 없는 일이었어. 어떡하면 좋지?'

고민에 빠져 컴퓨터를 끄려는 순간 '실버벨 수학 퀴즈 대회 참가자 모집' 이라는 광고가 보였다.

"뭐? 상금이 1억 달란이라고? 우와! 하긴 내가 이래 봬도 수학 100점을 놓친 적이 단 한 번도 없지! 히히"

당장 참가자 신청을 했다.

며칠 뒤 나는 연락을 받고 '실버벨 수학 퀴즈 대회'에 참가했다. 수학 퀴즈를 정말 정신없이 풀어 나가고 있는데 어느새 주위에 있던 많은 참가자들이 한 명씩 사라졌다. 하지만 지금 내가 몇 단계 문제를 풀고 있는지도 모른 채 오직 1억 달란과 수학 퀴즈에만 집중했다.

"자, 이제 10단계입니다. 오직 한 소년만이 남았군요. 대단합니다."

사회자의 말에 문득 정신이 들어 주위를 둘러봤다. 그 많던 참가자들이 한 명도 남아 있질 않았다.

"자, 마지막 10단계 문제입니다. 이 문제만 풀면 상금 1억 달란이 주어집니다.

〈10단계 문제〉 숫자 5를 6번 사용하여 1부터 10까지 나타내시오.

나는 문제를 듣자마자 집중해서 여러 가지 방법을 계속 시도해 보았다. 하지만 10단계 문제는 전혀 불가능한 문제였다.

"저기 사회자님, 이 문제는 불가능한 문제입니다. 혹시 일부러 상금을 주지 않으려는 속셈으로 이 문제를 낸 것 아닙니까?"

사회자의 얼굴이 붉으락푸르락했다.

"아니, 이 사람이! 사람을 뭘로 보는 거야."

당황해 하는 사회자를 보니 확신이 생겼다.

"사회자님, 일부러 상금을 주지 않으려고 이 문제를 내셨군요? 사회자님을 수학법정에 고소하겠어요."

나는 예교에게 줄 상금을 사회자가 낸 잘못된 문제 때문에 타지 못했다고 생각하여 수학법정에 사회자를 고소하였다.

$$1 = \frac{555}{555}, \quad 2 = \frac{5}{5} + \frac{55}{55}, \quad 3 = \frac{5}{5} + \frac{5}{5} + \frac{5}{5}, \quad 4 = 5 + 5 + 5 - \frac{55}{5}$$

$$5 = 5 \times 5 - (5 + 5 + 5 + 5), \ 6 = \frac{55}{5} + 5 - 5 - 5, \quad 7 = \frac{55}{5} + \frac{5}{5} - 5$$

$$8 = \frac{5}{5} + 5 + \frac{5 + 5}{5}, \quad 9 = \frac{5 + 5 + 5 + 5}{5} + 5, \quad 10 = \frac{5 \times 5}{5} + \frac{5 \times 5}{5}$$

숫자 5를 6번 사용하여
1부터 10까지의 수를
나타낼 수 있을까요?
수학법정에서 알아봅시다.

 재판을 시작합니다. 먼저 원고 측 변론하
세요.

 숫자 5를 6개 이용하면 1부터 10까지의

수 중 일부는 만들 수 있지만 어떤 수는 만들 수 없습니다. 예
를 들어 3은 만들 수 없습니다. 어제 밤새도록 3을 만들어 보
려고 했지만 실패했어요. 이건 분명히 엉터리 문제예요. 돈을
주지 않으려는 사기극이지요. 그렇죠, 판사님?

 두고 봅시다. 그럼 피고 측 변론하세요.

 문제를 출제한 수학 논리 연구소의 뉴머로직 박사를 증인으
로 요청합니다.

2대 8 가르마를 한 50대 남자가 증인석에 앉았다.

 증인이 이 문제를 출제했지요?

 그렇습니다.

 이 문제의 답이 있나요?

 있습니다.

뭐죠?

 바로 공개해 드리죠.

$$1 = \frac{555}{555}$$

$$2 = \frac{5}{5} + \frac{55}{55}$$

$$3 = \frac{5}{5} + \frac{5}{5} + \frac{5}{5}$$

$$4 = 5 + 5 + 5 - \frac{55}{5}$$

$$5 = 5 \times 5 - (5 + 5 + 5 + 5)$$

$$6 = \frac{55}{5} + 5 - 5 - 5$$

$$7 = \frac{55}{5} + \frac{5}{5} - 5$$

$$8 = \frac{5}{5} + 5 + \frac{5 + 5}{5}$$

$$9 = \frac{5 + 5 + 5 + 5}{5} + 5$$

$$10 = \frac{5 \times 5}{5} + \frac{5 \times 5}{5}$$

 놀랍습니다. 정말 가능하네요.

 나도 놀랍소. 정말 이런 일이 가능하군요. 다시 한 번 수학의
아름다움에 감탄했어요. 판결이 더 이상 필요 없군요. 이번
수학문제는 공정한 문제였음을 판결합니다. 이상으로 재판을
마치도록 하겠습니다.

재판이 끝난 후, 신문에는 다른 숫자들을 이용하여 1부터 10까
지의 수를 만들어 내는 여러 가지 방법들이 연재되었다.

세 명이 모여야 열리는 금고

네 명 중에 최소한 세 명은 있어야 열 수 있는 금고는 어떻게 만들까요?

김부자 씨는 전라도 땅에서도 몇 손가락 안에 꼽히는 부자로 소문나 있다. 고아로 자라나 온갖 고생을 하면서도 특유의 뚝심과 성실함으로 고난을 이겨내고 결국 많은 돈을 모았다. 그래서 그는 자신의 재산에 대한 애착도 남달랐다.

그에게는 금동이, 은동이, 해동이, 막동이라는 네 명의 아들이 있었다.

그는 하루가 다르게 자라 어느새 어엿한 청년이 된 아들들을 바라보면서 자신도 살날이 얼마 남지 않았음을 느꼈다.

"여보, 마누라. 우리 머리카락도 어느새 하얗게 새었구려. 이제 슬슬 저 놈들한테 줄 유산을 정리할 때가 온 것 같아요."

쓸쓸한 웃음을 지으면서 김부자 씨가 이야기하였다.

"아이고, 맞아요. 맞아. 그런데 요즘에 하도 험한 일이 많아서 걱정이 되네요."

"험한 일이라니? 무슨 말이요?"

"당신은 뉴스도 안 봐요? 하긴 허구한 날 가계부나 쳐다보고 있으니 알 턱이 있나. 뉴스 좀 봐요. 도무지 말이 안 통해."

"아니, 당신은 왜 이렇게 잔소리가 심해. 하여튼 예나 지금이나 그놈의 잔소리는 변함이 없네. 나 지금 아주 진지하니까 세상이 왜 험하다는 건지 이야기나 얼른 하구려."

"요즘 뉴스에서 보니까 부모가 남긴 재산을 형제들끼리 서로 갖겠다고 싸우다가 형제지간에 인연을 끊는가 하면 심지어 서로 죽이기까지 한다고 하더라고요."

"아니 그게 정말이야? 허허 참, 큰일 날 세상이군. 하지만 우리 아들들이 그렇기야 하겠어?"

김부자 씨는 자기 아들들은 다를 거라고 장담을 했다.

"돈 앞에서 누구를 믿겠어요. 그래도 혹시 모르니까 우리가 죽고 나서 험한 일이 생기지 않도록 조치를 취해 놓는 것이 좋지 않겠어요?"

아내는 내심 걱정이 되는 눈치였다.

사실 김부자 씨의 네 아들 모두 그다지 좋은 직장을 갖지 못한

터라 모두들 김부자 씨의 많은 유산에 눈독을 들이지 않을 수 없는 상황이었다.

"당신 말이 옳은 듯하오. 그렇다면 좋은 방법을 한번 강구해 보시오."

잠시 침묵이 흐른 뒤에 아내가 문득 좋은 생각이 떠오른 듯 회심의 미소를 지었다.

"여보, 저에게 좋은 생각이 있어요."

김부자 씨는 안 그래도 큰 눈을 더욱 더 동그랗게 뜨고 아내를 쳐다보았다.

"뭔데, 뭔데?"

"잘 들어 보세요. 아들 네 명이 힘을 합치지 않으면 유산을 가지지 못하도록 만드는 거예요. 유산을 보관할 금고를 만들어서 적어도 세 명의 열쇠가 없으면 열지 못하도록 만드는 거죠. 그 금고는 당신 50년 지기인 옆집 수철이 아버지한테 맡기면 되잖아요."

"오호, 그거 괜찮은 생각이군. 당신 왜 대학을 안 갔어? 이렇게 지혜로운 줄은 몰랐는데. 아마 대학 갔으면 큰 사람 됐을 거야. 하하하하."

"이제 알았어요? 저 원래 똑똑하다고요. 아무튼 내일 당장 금고업자를 찾아가서 금고 제작을 부탁해 보세요. 말이 나온 김에 시작해요."

"아아, 알았어. 내일 아침에 당장 가 보지."

다음 날 아침 김부자 씨는 해머리가 산 위로 솟아오르기 무섭게 일어나 금고업자를 찾아갔다. 아직 가게는 문이 닫혀 있었다.

'쾅쾅쾅!'

김부자 씨는 주인이 일어나길 바라면서 힘껏 문을 두드렸다.

10분 정도 문을 두드렸을까? 40대 후반 정도 되어 보이는 중년 남자가 눈을 비비면서 문을 열었다.

"아니, 무슨 급한 일이 있기에 이렇게 이른 아침부터 문이 부서지도록 두드리시는 겁니까? 영업시간은 11시부터라고요."

"지금 해가 중천에 떴는데 아직 자고 있단 말이오? 그리고 11시에 문을 열다니, 그렇게 늦게 일을 시작해도 괜찮소?"

항상 5시면 눈을 떠서 일하는 것이 당연하다고 생각해 온 김부자 씨에게는 11시에 영업을 시작한다는 것은 도무지 이해할 수 없는 일이었다.

"뭐 어찌되었든 간에 내가 당신한테 아주 중요한 일을 부탁하려고 하오."

금고업자는 김부자 씨의 말에 고개를 갸우뚱하였다.

"다름이 아니라 내가 이때껏 모은 재산을 보관할 금고를 만들려고 하는데."

"아, 돈 보관하는 금고요. 그거면 자신 있죠. 제가 하는 일이 그건데. 어떤 식을 원하시나? 열쇠? 아님 암호?"

"정말 정교하고 특별한 금고여야 하오. 돈은 얼마든지 드릴 테니."

"특별하다니요? 제가 만드는 금고는 모두 특별합니다. 얼마 전에 대통령상도 받았다고요. 도대체 어떤 것을 원하시기에?"

"내가 아들이 네 명 있는데 혹시나 내가 죽은 뒤에 유산을 가지고 싸우지나 않을까 하여 넷 중 최소한 세 명이 있어야 열 수 있는 금고를 만들려고 합니다."

"네? 아니 그게 무슨 말이죠? 그런 건 세상에 없어요. 저는 못 만듭니다. 당최 말이 되는 소리를 해야지."

"아니, 왜 말이 안 된단 말이오? 금고 전문가라는 사람이 그것도 못하면서 전문가라고 할 수 있소? 당신을 수학법정에 고소하겠소!"

넷 중 최소한 세 명이 있어야 열 수 있는 금고를 만들기 위해서는
열쇠를 A, B, C, D, E, F 라 할 때
·가 : D, E, F ·나 : B, C, F ·다 : A, C, E ·라 : A, B, D 로 나누어 주면 됩니다.

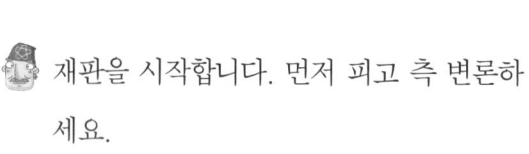

**네 명 중에 최소한 세 명은 있어야
열 수 있는 금고를 만들 수 있을까요?**
수학법정에서 알아봅시다.

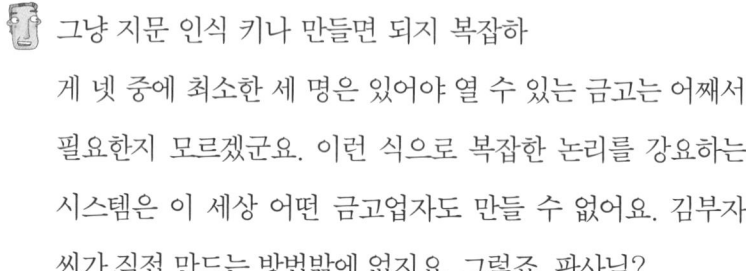

 재판을 시작합니다. 먼저 피고 측 변론하
세요.

그냥 지문 인식 키나 만들면 되지 복잡하
게 넷 중에 최소한 세 명은 있어야 열 수 있는 금고는 어째서
필요한지 모르겠군요. 이런 식으로 복잡한 논리를 강요하는
시스템은 이 세상 어떤 금고업자도 만들 수 없어요. 김부자
씨가 직접 만드는 방법밖에 없지요. 그렇죠, 판사님?

원고 측 변론하세요.

만들 수 있는지 없는지는 재판을 지켜보아야겠군요. 저희는
열쇠 논리 연구소의 나잠거 박사를 증인으로 요청합니다.

격자무늬 양복을 입은 40대 남자가 증인석으로 들어왔다.

증인은 모든 열쇠의 가능한 논리를 연구하고 있다고 들었는
데, 사실인가요?

그렇습니다.

그럼 넷 중 최소한 세 명이 있어야 열 수 있는 금고를 만들 수

있나요?

 만들 수 있습니다.

 어떻게 만들죠?

 금고는 두 명이 있을 때는 안 열리고 세 명이 있을 때 열려야 합니다. 그러므로 금고의 열쇠는 한 개가 아니라 여러 개죠.

 그럼 몇 개죠?

 이렇게 생각해 보세요. 두 명이 모여 있을 때 하나의 열쇠가 부족하다고 하죠. 네 명의 아들을 가, 나, 다, 라라고 해 보면 두 명이 모이는 경우는 모두 6가지 경우가 생기는데 이때 부족한 열쇠를 A, B, C, D, E, F라고 해 보겠습니다.

가 와 나 : A

가 와 다 : B

가 와 라 : C

나 와 다 : D

나 와 라 : E

다 와 라 : F

그러니까 필요한 열쇠는 모두 6개가 되지요. 즉 금고는 6개의 열쇠가 모두 모여야만 열리게 만들면 돼요.

 그럼 열쇠를 어떻게 나눠 주면 되죠?

 그건 다음과 같아요.

가 : D, E, F

나 : B, C, F

다 : A, C, E

라 : A, B, D

 아하! 그러면 되겠군요. 그렇죠, 판사님?

 판결합니다. 원고 측에서 주장한 '최소한 세 명이 모여야 열리는 금고'가 가능하다는 것이 수학적으로 밝혀졌습니다. 그러므로 금고업자는 오늘 재판 내용을 참고하여 김부자 씨의 주문대로 금고를 만들어 주길 바랍니다. 이상으로 재판을 마치도록 하겠습니다.

재판이 끝난 후, 금고업자는 나잠거 박사의 도움을 받아 6개의 열쇠로 열리는 금고를 만들어 주었고 자식들은 각각 3개의 열쇠만을 가지게 되었다.

 귀류법과 대우증명법

귀류법은 'p이면 q이다'라는 명제가 있을 때 $\sim q$라고 가정하여 원래의 가정 p와 모순이 생김을 증명하는 것이고, 대우증명법은 'q가 아니면 p가 아니다'라는 명제로 바꾸어서 참·거짓을 조사하는 것이다.

10개의 기둥 박기

한 변의 길이가 6.3m인 정사각형의 땅에
간격이 3m 이상이 되게 10개의 기둥을 박을 수 있을까요?

매년 이맘 때가 되면 이웃해 있는 다섯 마을이
모여 축제를 열었다. 축제 마지막 날에는 마을 대
항 게임이 열렸다. 그동안의 축제와는 달리 이번
게임의 내용에 대해서는 미리 알려져 있지 않았다. 축제 마지막 날
이 다가오자 각 마을의 사람들이 모여서 게임에 대한 기대와 상품
에 관해 이야기를 나누었다.

"내일 게임은 뭐래요? 상품? 빨리빨리 대답해 줘요."

"음…… 그것이…… 들었는데 말이여…… 휴지라던가……. 아
니…… 그……."

느긋하게 말하는 느긋마을 아낙네의 말에 빨리마을 아낙네만 답답해 속이 뒤집어질 지경이었다. 그때 빨리마을 아낙네가 답답한지 옆에 있는 대충마을 아낙네에게 물었다.

"아이고! 답답해. 구렁이 담 넘어가듯 말하니 속이 다 답답하네. 대충마을네, 상품이 뭐라고 들었어요?"

"뭐, 대충 주겠지~."

"아이고! 상품에 관심이 없네. 관심이."

그러자 옆에 있던 침착마을네가 슬그머니 고개를 내밀어 빨리마을네에게 말했다.

"이번에 우승한 마을에는 소 한 마리, 준우승한 마을에는 돼지 한 마리를 준답니다."

"어머나, 정말요? 최고 최고 최고! 우리가 꼭 이겨야겠어요!"

소란스러운 빨리마을네가 입에 땀이 나게 소리쳤다. 다음 날, 축제의 모든 일정이 끝나고 드디어 잘생긴 소 한 마리와 돼지 한 마리가 보였다. 대충마을, 게을러마을, 빨리마을, 느긋마을, 침착마을 이렇게 다섯 마을 사람들이 모두 모인 자리에서 심사위원의 안내가 이어졌다.

"에, 이번 게임은 한 변의 길이가 6.3m인 정사각형의 땅에 기둥 10개를 빨리 세우는 마을이 이기는 것으로 하겠습니다. 단, 기둥과 기둥 사이의 간격은 3m 이상이 되어야 합니다."

심사위원의 말이 끝나기 무섭게 다섯 마을의 힘센 장정들이 기

둥을 둘러메고 각자에게 주어진 정사각형의 땅에 기둥을 박기 시작했다. 각각 마을 사람들은 자신의 마을을 응원하기 위해 자리를 잡았다. 응원 소리는 점점 더 커졌다.

"빨리마을 이겨라, 이겨라, 이겨라! 빨리빨리 움직여서 이기자!"

"대충해서 이겨. 응원 뭐 이 까짓것 대~충 소리만 지르면 되는 거 아니야?"

"침착하게 속도 유지하면서 정확히 하세요."

게을러마을은 아침에 늦잠 잔다고 아직 안 오는 주민들이 많았고 느긋마을은 응원 없이 느긋하게 음료수를 마시면서 게임을 구경하고 있었다. 여기저기서 주민들을 애태우고 있는 소들의 울음소리가 울려 퍼졌다. 중계석도 침이 다 튀도록 열심히 중계했다.

"침착마을이 벌써 8개의 기둥을 박았네요. 지금 선두입니다."

"빨리마을의 홍금버 총각은 기둥을 동시에 2개나 옮기고 있군요."

어느덧 게임이 끝날 때가 되어 해가 기웃기웃 넘어가는 저녁이 되었다. 그러나 게임의 제한 시간이 다 될 때까지 주어진 조건에 따라 기둥 10개를 박은 마을은 하나도 없었다. 그러자 결국 심사위원은 게임의 종료를 선언하고 이번 게임에는 우승자와 준우승자가 없으므로 소와 돼지는 심사위원이 가져가겠다고 선언했다. 그러자 다섯 마을 대표들은 긴급히 회의를 열어 자신들이 위촉한 심사위원이 말도 안 되는 게임을 열어서 자신들의 소와 돼지를 빼앗아 갔다며 심사위원을 수학법정에 고소했다.

한 변의 길이가 2.1m인 정사각형 대각선의 길이는 $2.1 \times \sqrt{2}$ 이고 $\sqrt{2} \cong 1.41$ 이므로 대각선의 길이는 약 2.96m입니다.

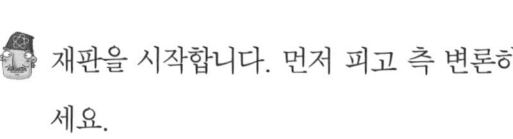

한 변의 길이가 6.3m인 정사각형 땅에 간격이 3m 이상이 되게 10개의 기둥을 박을 수 있을까요?

수학법정에서 알아봅시다.

재판을 시작합니다. 먼저 피고 측 변론하세요.

심사위원들은 다섯 마을의 의뢰를 받아 마을 사람들이 단합하여 즐길 수 있는 재미있는 게임을 준비했습니다. 그런데 마을 사람들이 심사위원의 의도대로 10개의 기둥을 박지 못해서 우승, 준우승이 안 나온 걸 가지고 심사위원을 탓할 수는 없지요. 그러므로 이번 게임은 공정하며 우승, 준우승자가 없으므로 게임의 진행자인 심사위원이 상품을 가지는 것은 당연하다고 생각합니다.

원고 측 변론하세요.

비둘기논리 연구소의 김평화 박사를 증인으로 요청합니다.

파란 양복에 파란 나비넥타이를 맨 30대 중반 남자가 증인석으로 들어왔다.

이번 사건에 대한 자료를 받았지요?

네, 충분히 검토했습니다.

어떤 결론이 나왔나요?

 이 게임은 누구도 조건에 맞게 10개의 기둥을 박을 수 없습니다.

 그 이유는 뭐죠?

 다음 그림과 같이 정사각형 땅을 같은 크기의 9개 정사각형으로 나누어 보죠.

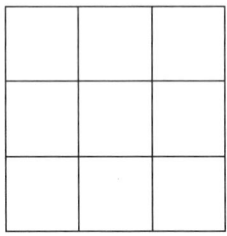

그러면 작은 정사각형은 한 변의 길이가 2.1m가 됩니다. 그러므로 이곳에 10개의 기둥을 박으려면 적어도 두 개의 기둥은 같은 정사각형 안에 박아야 합니다. 그러면 두 기둥이 가장 멀리 있는 경우는 대각선 방향으로 마주 보고 있는 것입니다. 한 변의 길이가 2.1m인 정사각형 대각선의 길이는 $2.1 \times \sqrt{2}$이고 $\sqrt{2} \fallingdotseq 1.41$이므로 대각선의 길이는 약 2.96m가 되어, 두 기둥 사이의 거리를 3m 이상 되게 할 수 없습니다.

 그렇군요. 이 게임은 누구도 성공할 수 없는 게임이군요. 그렇죠, 판사님?

 인정합니다. 이번 게임을 만든 심사위원들은 게임의 규칙대

로 기둥을 박는 것이 불가능하다는 사실을 이미 알고 있었을 것이라 생각합니다. 그러므로 심사위원들은 소와 돼지를 마을 사람들에게 다시 돌려줄 것을 판결합니다. 이상으로 재판을 마치도록 하겠습니다.

재판이 끝난 후, 심사위원들은 다섯 마을 사람들에게 사과하고 그들을 위해 또 한 번의 축제를 열어 주었다. 그리고 마지막 게임에서 침착마을이 우승하여 소 한 마리를 상으로 받았다.

 비둘기집의 원리

비둘기집의 원리에 의하면 '서울에는 머리카락 수가 같은 사람이 반드시 존재한다'라는 명제는 참이다. 왜냐하면 서울의 인구를 1000만 명 정도로 본다면 머리카락의 개수는 15만 개 정도이므로 비둘기집의 원리에 의해 머리카락의 개수가 같은 사람이 적어도 두 명 존재하기 때문이다.

송신망

다음 그림은 a, b, c, d 네 지역을 연결하는 통신망입니다. 모든 자료는 화살표 방향으로만 송신이 가능하지요. x에서 y로 자료를 송신할 수 있으면 $x{\sim}y$라고 씁니다.(여기서 x, y는 a, b, c, d 네 지역 중 어느 한 지역입니다.)

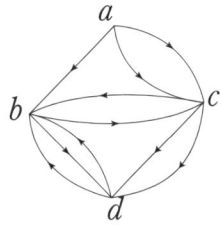

이때 다음 관계가 성립합니다.

$x{\sim}y$이고 $y{\sim}z$이면 $x{\sim}z$이다.

이것은 x에서 y로 갈 수 있고, y에서 z로 갈 수 있으면 x에서 z로 갈 수 있기 때문에 성립하죠.
또한 다음 관계도 성립합니다.

$x \sim y$이고 $y \sim x$인 서로 다른 지역 x, y가 있다.

x에서 y로 갈 수 있고 y에서 x로 갈 수 있는 x, y를 찾아봅시다.

닫혀 있으면서 시계 방향이나 반시계 방향으로 도는 데를 찾으면 됩니다.

다음과 같은 그림이 있나 찾아봅시다.

b와 c를 보면 다음과 같습니다.

따라서 $b \sim c$이고 $c \sim d$인 서로 다른 지역 b, c가 있습니다.

수학성적 끌어올리기

예측 논리

가, 나, 다, 라 네 학생이 게임을 하는데 가, 나, 다 세 학생이 게임의 결과에 대해 다음과 같이 예측을 했다고 해 봅시다.

가 : 다가 1등이고 나가 2등이야.
나 : 다가 2등이고 라가 3등이야.
다 : 라가 4등이고 가가 2등이야.

게임이 끝나고 나서 세 사람의 예측이 절반만 맞았다고 할 때 네 사람의 등수를 알 수 있을까요?

결론은 '논리적으로 가능하다' 입니다. 여기서 가장 중요한 것은 세 학생의 예측 중 절반이 맞는다는 것입니다.

가의 예측 중에서 다가 1등이라는 것이 맞는다고 가정해 보면 나는 2등이 아니죠. 그리고 나의 예측 중 다가 2등이라는 것은 틀리므로 라가 3등이라는 것은 맞습니다. 그렇다면 다의 예측에서 라가 4등이라는 것은 틀리므로 가가 2등이라는 것은 맞습니다. 그러므로 1등은 다, 2등은 가, 3등은 라, 4등은 나가 됩니다. 마찬가지

로 모든 가능한 경우를 다 따져 본다 해도 네 사람의 등수는 달라

지지 않습니다.

위대한 수학자가 되세요

과학공화국 법정시리즈가 10부작으로 확대되면서 어떤 내용을 담을지 많이 고민했습니다. 그리고 많은 초등학생들과 중고생 그리고 학부형들을 만나면서 서서히 시리즈의 방향이 생각났습니다.

처음 1권에서는 과학과 관련된 생활 속의 사건에 초점을 맞추었습니다. 하지만 권수가 늘어나면서 생활 속의 사건을 이제 초등학교와 중고등학교 교과서와 연계하여 실질적으로 아이들의 학습에 도움을 주는 것이 어떻겠냐는 권유를 받고, 전체적으로 주제를 설정하고 맞는 사건들을 찾았습니다. 그리고 주제에 맞춰 사건을 나열하면서 실질적으로 그 주제에 맞는 교육이 이루어질 수 있도록 방향을 집필해 보았지요.

그리하여, 초등학생에게 맞는 수학의 많은 주제를 선정해 보았습니다. 수학법정에서는 수와 연산, 도형, 방정식, 부등식, 확률과 통계, 수학 논리 등 많은 주제를 각 권에서 사건으로 엮어 교과서보다 재미있게 수학을 배울 수 있게 하였습니다. 부족한 글 실력으로 이렇게 장편 시리즈를 끌어오면서 독자들 못지 않게 저도 많은 것을 배웠습니다.

　항상 힘들었던 점은 어려운 과학적 내용을 어떻게 하면 초등학생, 중학생의 눈높이에 맞출 수 있을까 하는 고민이었습니다. 이 시리즈가 초등학생부터 읽을 수 있는 새로운 개념의 수학 책이 되기 위해 많은 노력을 기울여 왔지만 이제 독자들의 평가를 겸허하게 기다릴 차례가 된 것 같습니다.

　한 가지 소원이 있다면 초등학생과 중학생들이 이 시리즈를 통해 수학의 개념을 정확하게 깨우쳐 미래의 필즈메달 수상자가 많이 배출되는 것입니다. 그런 희망은 지쳤을 때마다 항상 제게 큰 힘을 주었던 것 같습니다.